BEI GRIN MACHT SICH IHR WISSEN BEZAHLT

- Wir veröffentlichen Ihre Hausarbeit, Bachelor- und Masterarbeit

- Ihr eigenes eBook und Buch - weltweit in allen wichtigen Shops

- Verdienen Sie an jedem Verkauf

Jetzt bei www.GRIN.com hochladen und kostenlos publizieren

GRIN

Sandra Püllen, Daniel Marquardt

Verpackungstechnik im Überblick: Weißblech

GRIN Verlag

Bibliografische Information der Deutschen Nationalbibliothek:

Die Deutsche Bibliothek verzeichnet diese Publikation in der Deutschen National-
bibliografie; detaillierte bibliografische Daten sind im Internet über http://dnb.d-
nb.de/ abrufbar.

Dieses Werk sowie alle darin enthaltenen einzelnen Beiträge und Abbildungen
sind urheberrechtlich geschützt. Jede Verwertung, die nicht ausdrücklich vom
Urheberrechtsschutz zugelassen ist, bedarf der vorherigen Zustimmung des Verla-
ges. Das gilt insbesondere für Vervielfältigungen, Bearbeitungen, Übersetzungen,
Mikroverfilmungen, Auswertungen durch Datenbanken und für die Einspeicherung
und Verarbeitung in elektronische Systeme. Alle Rechte, auch die des auszugsweisen
Nachdrucks, der fotomechanischen Wiedergabe (einschließlich Mikrokopie) sowie
der Auswertung durch Datenbanken oder ähnliche Einrichtungen, vorbehalten.

Impressum:

Copyright © 2003 GRIN Verlag GmbH
Druck und Bindung: Books on Demand GmbH, Norderstedt Germany
ISBN: 978-3-640-73300-2

Dieses Buch bei GRIN:

http://www.grin.com/de/e-book/22838/verpackungstechnik-im-ueberblick-weissblech

GRIN - Your knowledge has value

Der GRIN Verlag publiziert seit 1998 wissenschaftliche Arbeiten von Studenten, Hochschullehrern und anderen Akademikern als eBook und gedrucktes Buch. Die Verlagswebsite www.grin.com ist die ideale Plattform zur Veröffentlichung von Hausarbeiten, Abschlussarbeiten, wissenschaftlichen Aufsätzen, Dissertationen und Fachbüchern.

Besuchen Sie uns im Internet:

http://www.grin.com/

http://www.facebook.com/grincom

http://www.twitter.com/grin_com

Fachhochschule Trier
Studiengang: Lebensmitteltechnik

REFERAT

Veranstaltung:	Verpackungstechnik
Thema:	Weißblech
Referenten:	Daniel Marquardt
	Sandra Püllen

Datum: 03.12.2003

Inhaltsverzeichnis

1. Einleitung

Nachdem Nicolas Appert, der Hofkoch von Napoleon, 1810 die Hitzesterilisation entwickelt hatte, wurde im gleichen Jahr von den Engländern Peter Durand und August Heine die Idee einer luftdichten Weißblechverpackung in die Tat umgesetzt. **[6]**

Um die Versorgung der Bevölkerung mit ausreichenden, nährwertreichen, preisgünstigen und vor allem hygienisch einwandfreien Lebensmitteln zu gewährleisten, bedient man sich einer Verpackung, z. B. einer Dose, die die Qualitätsmindernden Einflüsse von außen abhält: Schmutz, Schädlinge und Bakterien ebenso wie Feuchtigkeit, Sauerstoff, Licht, Fremdgerüche oder Druck. Die Verpackung versiegelt Geschmack, Nährwert, Aussehen und Konsistenz des Produktes. **[5]**

Die Weißblechdose hat sich bis heute als eine der ältesten Verpackungsformen bewährt. Insbesondere wenn es um die Haltbarmachung von Lebensmitteln geht, sorgen Weißblechverpackungen ohne Konservierungsstoffe für eine verlängerte Haltbarkeit. Sie sichern die Qualitätsfrische und den Vitamingehalt der Produkte. Darüber hinaus lassen sie sich einfach transportieren, sind leicht zu handhaben und verfügen über hervorragende Recyclingfähigkeiten. **[6]**

2. Weißblech als Werkstoff

Weißblech ist Stahl. Genauer gesagt, kaltgewalztes Stahlblech mit einer Dicke von bis zu 0,49 Millimetern (Feinstblech). Seinen Namen verdankt das Weißblech einer hauchdünnen Zinnschicht, die elektrolytisch auf das Blech aufgebracht wird. Zinn wurde schon in der Antike als "hygienisches" Metall geschätzt, weil es für den Menschen ungefährlich ist und dem Rost widersteht. Auch heute schützt der Zinnüberzug das Material vor Korrosion. Im Durchschnitt genügen dabei etwas mehr als 2g Zinn pro qm Fläche.
Heute wird der Begriff Weißblech in Deutschland auch für die später entwickelten Alternativen, nämlich spezialverchromtes Feinstblech und organisch beschichtetes Feinstblech - gewissermaßen als Gattungsbegriff - gebraucht.

Weißblech ist ein vielseitig einsetzbarer, ökonomisch und ökologisch sinnvoller Werkstoff, der vor allem in der Verpackungsindustrie Verwendung findet. Nahrungsmittel- und Getränkedosen, Eimer und Kanister für Farben, Lacke und andere chemisch-technische Erzeugnisse, Hülsen für Filme und Batterien, Hüllen für Musik-CDs und andere Datenträger, Dosen für Tiernahrung, Kronenkorken sowie Vakuum- und Spezialverschlüsse repräsentieren nur einen Teil der Verwendungszwecke von Weißblech.

Jährlich werden in Deutschland rund 712.400 Tonnen Weißblech verwendet. [15]

3. Herstellung von Weißblech

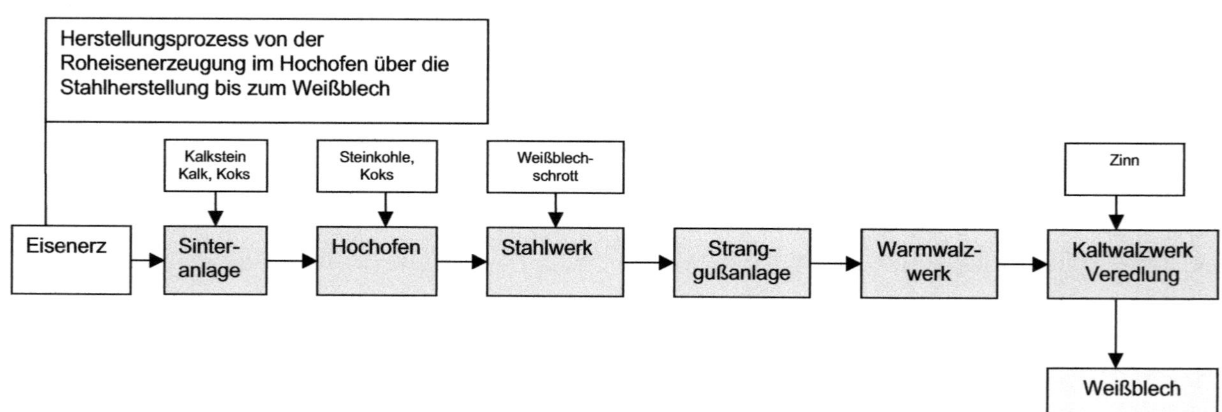

Abb. 1 Herstellungsprozess von der Roheisenerzeugung im Hochofen über die Stahlherstellung bis zum Weißblech [6]

3. Herstellung von Weißblech

3.1 Produktion Warmband

3.1.1 Sinteranlage

Hier wird das ursprünglich feinkörnige Eisenerz mit verschiedenen Zusatzstoffen, Koks, Zuschlägen etc. versintert. "Sintern" ist ein kontinuierliches Verfahren zum Stückigmachen von Feinerz auf einem Sinterband. Dies ist notwendig, da das feinkörnige Erz in seinem Ursprungszustand nicht im Hochofen eingesetzt werden kann. Dieses würde den Hochofen "ersticken".

3.1.2 Hochofen

Im Hochofen werden mit Hilfe von Koks und Kohle die im Eisenerz enthaltenen Eisenoxide reduziert und Roheisen erzeugt. Das Roheisen enthält eine Kohlenstoffkonzentration von drei bis vier Prozent. Dadurch ist es noch hart und spröde und für eine formgebende Weiterverarbeitung noch nicht geeignet. Um diese zu ermöglichen, wird der Kohlenstoffgehalt durch das Einblasen von Sauerstoff auf nur noch 0,02 Prozent gesenkt. Dies geschieht im Konverter.

3.1.3 Konverter

Um das Roheisen formbar zu machen, wird sein Kohlenstoffgehalt im Konverter reduziert. Dies geschieht durch das Einblasen von Sauerstoff, dem so genannten "Frischen". Bei diesem Vorgang steigt die Temperatur der Schmelze stark an. Die frei werdende Energie, die so genannte Prozesswärme, wird genutzt, um Schrott, also auch Weißblechschrott, einzuschmelzen. Der Schrott, der in den Konverter kommt, besteht aus allem, was zum alten Eisen gehört: Von ausrangierten Kühlschrankgehäusen über Autokarosserien bis hin zu gebrauchten Getränke- oder Lebensmitteldosen - platzsparend zu einem gigantischen Würfel aus Schrott zusammengepresst. Beim Einschmelzen des Schrotts sinkt die Temperatur von rund 2000 auf 1600 Grad Celsius ab - die für die Stahlherstellung erforderliche Temperatur. Rund die Hälfte des weltweit hergestellten Stahls wird heute aus Schrott erschmolzen. In Deutschland werden jährlich zwischen 15 und 17 Millionen Tonnen Stahlschrott eingeschmolzen. Die Kapazitäten für Weißblechschrott sind aber noch lange nicht vollständig ausgeschöpft, denn der Weißblechanteil daran beträgt gerade 3,5 Prozent

3.1.4 Brammenabguss

Bei einer Temperatur von ca. 1600 Grad gelangt der noch flüssige Stahl in die Stranggießanlage. Dort wird er über eine wassergekühlte Kupferkokille geführt, kühlt zunehmend ab und verfestigt sich. Mit Hilfe eines mitlaufenden Brennschneiders wird dann der endlose Stahlblock in die gewünschten Breiten- und Längenabmessungen zugeschnitten. Diese Stahlblöcke werden auch Brammen genannt.

3.1.5   Warmbreitband

In einer Warmbreitbandstraße wird die Dicke der Bramme kontinuierlich reduziert. Es
entsteht ein Warmband von mehreren hundert Metern Länge und einer Dicke von
zwei bis drei Millimetern. Dieses Warmbreitband, kurz auch "Warmband" genannt,
wird aufgerollt und hat ein Gewicht von maximal 23 Tonnen. Die Warmbänder heißen
auch "Coil", "Ring" oder "Bund". [14]

3.2   Weißblechproduktion

Ausgangswerkstoff für die Herstellung von Weißblech ist warmgewalztes Stahlband.
Dieses Warnband ist etwa 2 mm dick. [9]
Einziger Weißblechhersteller Deutschlands ist die Rasselstein und Hösch GmbH mit
Werken in Dortmund und Andernach.

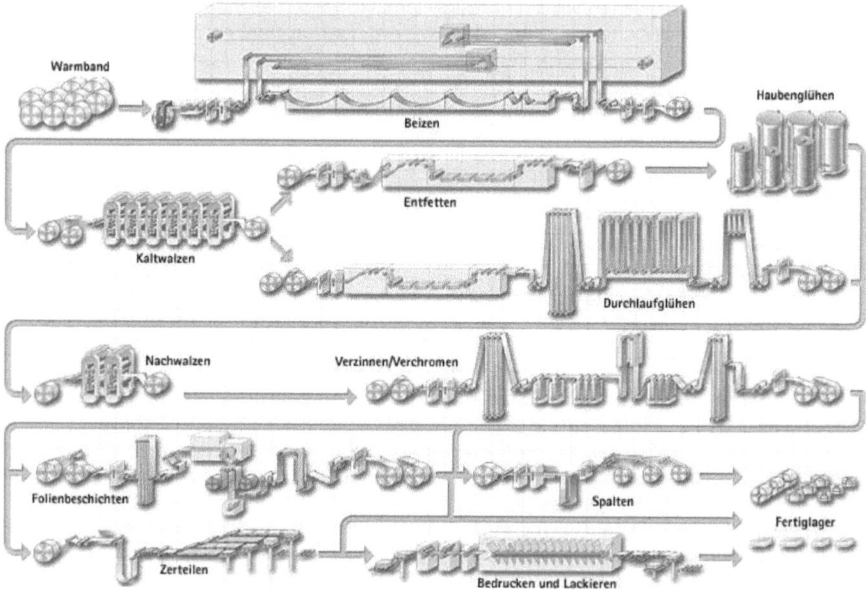

Abb. 2 Weißblechproduktion [9]

3.2.1 Beizen

Die Verarbeitung beginnt mit dem
Beizen des Warmbandes. Der beim
Warmwalzen entstandene Zunder
(Eisenoxidschicht) wird in einer
kontinuierlich arbeitenden Durchlauf-
beize beseitigt. Im Einlaufteil werden
die Warmbänder aneinander-
geschweißt. Sie laufen als endloses
Band durch vier hintereinanderliegende
Behälter mit 100°C warmer Schwefel-
säure, deren Konzentration stufenweise
von 15% auf 25% ansteigt.

Abb. 3 Aufwickelteil der Beizlinie [9]

Nach dem Beizen wird das Band gespült, getrocknet, teilweise an den Kanten
besäumt, eingeölt und zu Rollen mit einem Gewicht von bis zu 50 Tonnen
aufgewickelt.

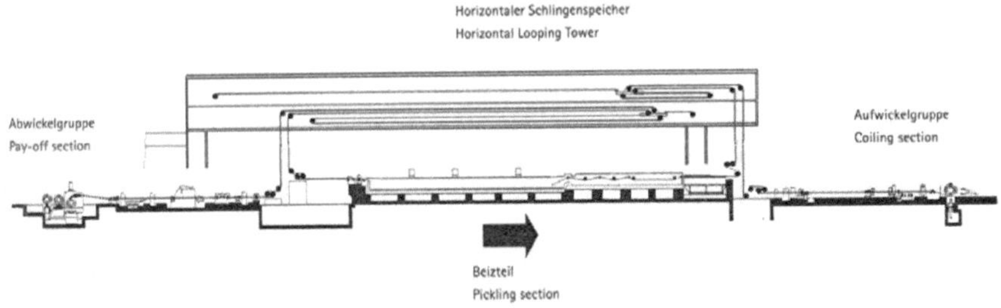

Abb. 4 Beizlinie Fa. Rasselstein Hoesch; Werk Andernach [9]

3.2.2 Kaltwalzen

Das vorbehandelte Warmband wird auf einer der beiden Kaltwalz-Tandemstraßen in
einem Arbeitsgang auf Enddicken zwischen 0,14 und 0,49 mm gewalzt. Die 5-
gerüstige Kaltwalz-Tandemstraße besteht aus fünf hintereinander angeordneten
„Quarto-Gerüsten", in denen das Band zwischen zwei Arbeitswalzen gewalzt wird.
Wegen der hohen Walzkräfte (bis 12000 kN) werden die Arbeitswalzen durch
Stützwalzen mit großem Durchmesser abgestützt.

Das Stahlband verlängert sich beim Kaltwalzen entsprechend der Dickenabnahme in
den einzelnen Gerüsten. Die Walzgeschwindigkeit muss deshalb von Gerüst zu
Gerüst höher werden. Die Höchstgeschwindigkeit des Bandes beträgt im letzten
Walzgerüst 1830 m/min.

Um die große Verformung (Dickenverringerung) bei hohen Walzgeschwindigkeiten zu ermöglichen, wird der Walzspalt mit einem Gemisch aus Palmöl und Wasser geschmiert. Außerdem müssen Walzen und Band mit großen Wassermengen gekühlt werden, um die entstehende Wärme abzuführen.

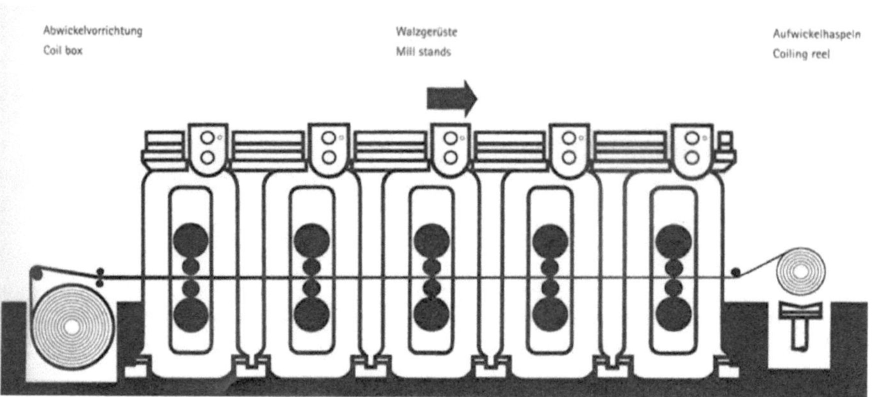

Abb. 5 Fünfgerüstige Kaltwalz-Tandemstraße [9]

3.2.3 Haubenglühen und Durchlaufglühen

Beim Walzen wird die Dicke des Bandes um häufig mehr als 90% vermindert. Die dabei eintretende Kaltverfestigung muss durch einen Glühvorgang wieder aufgehoben werden.

Vor dem Glühen muss das Band von Verunreinigungen gesäubert werden. Hierzu wird ein elektrolytisches Entfettungsverfahren eingesetzt, bei dem das Band unter Stromeinwirkung ein alkalisches Bad durchläuft, anschließend gebürstet, gespült, getrocknet und wieder zu Rollen bis zu einem Gewicht von 23 t aufgewickelt wird.

Durch die Formänderung beim Kaltwalzen wird das Band hart und spröde und ist in diesem Zustand als Verpackungswerkstoff nicht geeignet. Das rekristallisierende Glühen des entfetteten Bandes stellt die notwendige Verformbarkeit wieder her. Hierfür gibt es zwei Verfahren, das Haubenglühen und das Durchlaufglühen, von denen jeweils dasjenige angewendet wird, mit dem die geforderten Werkstoffeigenschaften am besten erreicht werden können.

3.2.3. a) Haubenglühen

Mit dem Hauben-Glühverfahren wird bei gleicher Stahlanalyse eine geringere Härte erzielt als bei dem im Folgenden beschriebenen Durchlauf-Glühverfahren. Die durch das Kaltwalzen zerstörte Kristallstruktur des Bandes wird hierbei in einem mehrtägigen Behandlungsprozess, der Aufheizen und abkühlen umfasst, wiederhergestellt.

Mehrere übereinandergestapelte Rollen mit einem Gesamtgewicht von bis zu 62 t werden auf einen Ofensockel gesetzt und mit einer Schutzhaube sowie einer Heizhaube umschlossen. Um das Oxidieren des Bandes zu verhindern und eine wirksame Wärmeübertragung zu gewährleisten, wird sauerstoffreduziertes Schutzgas, teilweise auch Wasserstoff als Schutzgas, eingesetzt. Die Glühtemperaturen liegen in einer Größenordnung von 600 bis 700°C.

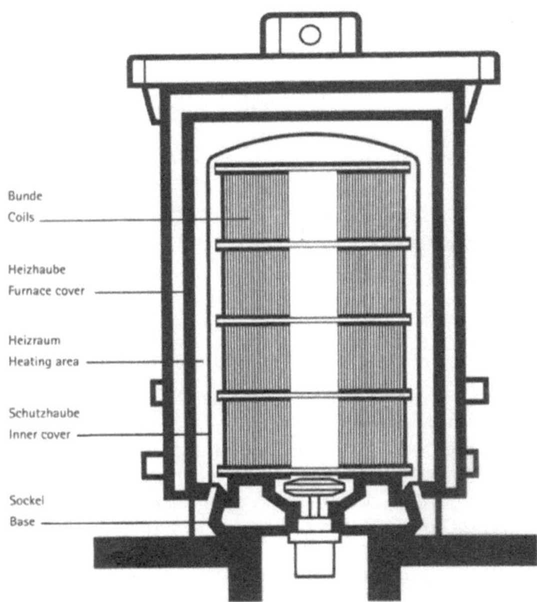

Abb. 6 Hauben-Glühofen Fa. Rasselstein Hoesch; Werk Andernach [9]

3.2.3. b) Durchlaufglühen

Das Durchlauf-Glühverfahren besteht in einem schnellen, kontinuierlichen Durchlauf
des Bandes durch eine unter Schutzgas stehende Glühofenanlage, die als D-Ofen
oder Durchlaufglühe bezeichnet wird. Das Schutzgas verhindert auch hier die
Oxidation der Bandoberfläche. Bei gleicher Stahlanalyse ist das im Durchlauf bei
600-700° kurzzeit-geglühte Band etwas härter als das im Haubenofen behandelte
Material.

Für das Durchlaufglühen werden die einzelnen Rollen zu einem kontinuierlichen
Band zusammen geschweißt und später wieder getrennt. Den Ofenteil durchläuft das
Band in senkrechten Schlaufen. Der Gesamtdurchlauf mit Glühen und Abkühlen
dauert nur wenige Minuten. Durch gezielte Temperaturführung werden dem
Stahlband genau jene mechanischen Eigenschaften gegeben, die der vorgesehene
Verwendungszweck erfordert.

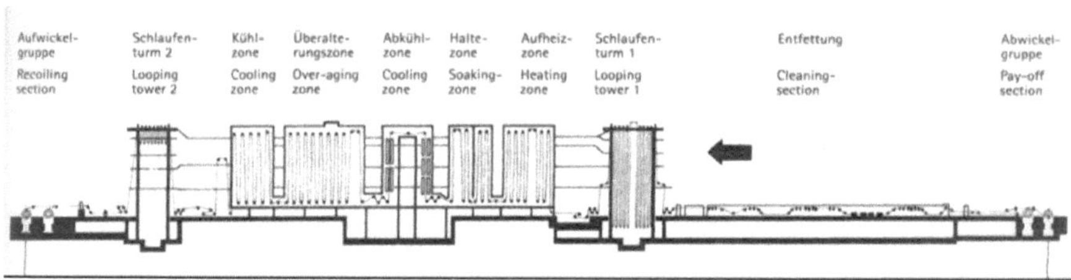

Abb. 7 Kontinuierliche Durchlaufglühanlage Fa. Rasselstein Hoesch; Werk Andernach [9]

3.2.4 Nachwalzen

Durch das rekristallisierende Glühen ist zwar die Kristallstruktur wieder hergestellt
worden, das geglühte Material kann aber noch nicht für die Verarbeitung zu
Weißblechverpackungen eingesetzt werden, da starke Knicke und ungleichmäßiges
Umformverhalten auftreten würden. Um dem Band die erforderlichen
Umformeigenschaften zu geben, erfolgt nach dem Glühen ein trockenes
Nachwalzen, auch Dressieren genannt (ohne Schmierung und Kühlmittel), mit einer
Dickenverringerung von etwa 1%. Bei diesem Arbeitsgang wird gleichzeitig eine auf
den Verwendungszweck abgestellte Rauheit erzeugt und die Ebenheit des Bandes
verbessert.

Des Weiteren besteht die Möglichkeit eine zusätzliche Dickenreduktion vorzunehmen
und auf diese Weise doppelt- reduziertes Material zu erzeugen, das für die
Anwender eine Werkstoffeinsparung mit sich bringt.

Nach dem Dressieren kann das Band als Feinstblech in Rollen oder zu Tafeln
geschnitten verkauft werden. Der weitaus größte Teil wird jedoch veredelt, bevor er
das Weißblechwerk verlässt.

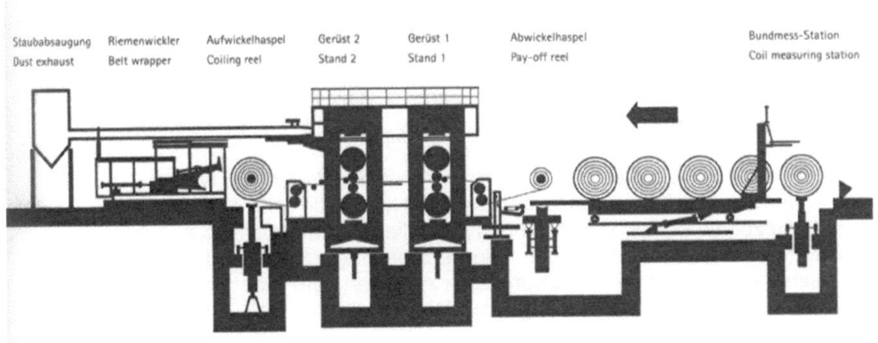

Abb. 8 Zweigerüstiges Nachwalzwerk Fa. Rasselstein Hoesch; Werk Andernach [9]

3.2.5 Verzinnung

Früher wurde Weißblech durch Feuerverzinnen hergestellt. Dabei wurde das Blech durch einen Tiegel mit flüssigem Zinn geführt. Inzwischen hat das elektrolytische Verfahren das Feuerverzinnen abgelöst.

In den Verzinnungsanlagen werden die Feinstbandrollen zunächst zu einem endlosen Band zusammengeschweißt. Der von Schlaufentürmen aufgenommene Bandvorrat ermöglicht auch während der notwendigen Stillstandszeiten beim Aneinanderschweißen oder später beim Trennen der fertig gewickelten Rollen das kontinuierliche Durchlaufen des Bandes durch den Verzinnungsteil. Nach einer gründlichen Reinigung durch eine elektrolytische alkalische Behandlung und durch Beizen mit anschließendem Spülen gelangt das Band in den Elektrolyten, eine borflußsaure Zinnsalzlösung. Dort wird es als Kathode zwischen zwei Reihen Zinnanoden hindurchgeführt. [9]

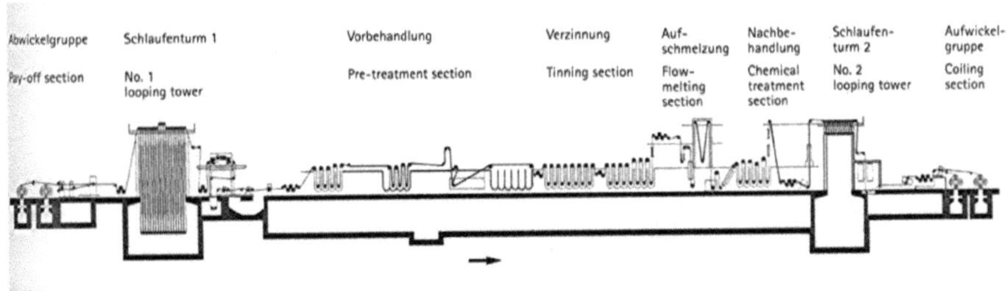

Abb. 9 Veredlungsanlage Fa. Rasselstein Hoesch; Werk Andernach [9]

Mit Hilfe des elektrischen Stroms geht Zinn von den Anoden im Elektrolyten in
Lösung, wandert durch ihn zum Band und wird dort abgeschieden (Abb. 10).

Unterschiedliche Stromstärken auf beiden Seiten des Bandes ermöglichen
unterschiedlich dicke Verzinnungen auf beiden Seiten, die sogenannte
Differenzverzinnung.

Die Oberfläche des Bandes besitzt noch nicht das für Weißblech typische brillant-
glänzende Aussehen. Deshalb muss das Band kurzzeitig über den
Zinnschmelzpunkt (232°C) erwärmt und anschließend im Wasserbad wieder
abgeschreckt werden. Auch die für viele Verarbeitungsschritte erforderliche
chemische Verbindung von Eisen und Zinn zwischen dem Stahlgrundmaterial und
dem Zinn entsteht nur mit Hilfe dieses Verfahrens. [10]

Am Ende der Verzinnungslinie wird das endlose Band zu Rollen aufgewickelt und
getrennt.

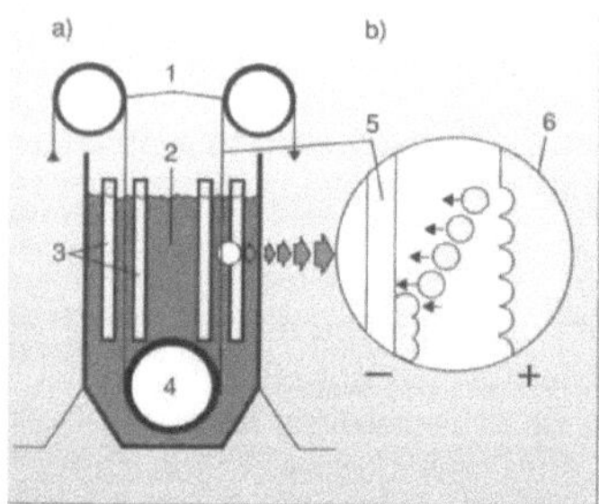

a)   Gesamtbild
1   Stromrollen
2   Elektrolyt
3   Zinnanoden
4   Tauchrolle

b)   vergrößerter Ausschnitt
5   Stahlband
6   Zinnanode

**Abb. 10 Senkrechter Schnitt durch
einen Verzinnungstank [10]**

3.2.6 Passivierung

Die mit dem Aufschmelzen erreichte hohe Haftfähigkeit der Zinnschicht führt zu günstigen Korrosionseigenschaften, die durch eine chemische Nachbehandlung, das Passivieren, weiter verbessert werden. Mit dem Passivieren bezweckt man eine gezielte Oxidation der Zinnschicht.

Unter Passivieren versteht man allgemein den Schutz einer unedlen Metalloberfläche vor Korrosion. Weißbleche werden oft mit zinkoxidhaltigen Lacken behandelt, die besonders schwefelfest sein sollen und sich so Verfärbungen durch Füllgutbestandteile widersetzen. [7]

Eine Einölung von wenigen mg/ m² zur Verbesserung der Gleiteigenschaften bei der Verarbeitung schließt den Prozess ab.

3.2.7 Verchromung

Übliche Zinnschichtdicken liegen heute zwischen 1,0 und 5,6 g/ m². Deutlich geringere Schichtdicken zwischen 0,05 und 0,1 g/m² werden beim elektrolytischen Verchromen von Feinstblech erzielt. Der Beschichtungsprozess läuft ähnlich dem Verzinnen ab. Das verchromte Feinstblech – auch ECCS (Electrolytically Chromium Coated Steel) genannt – lässt sich nur lackiert weiter verarbeiten, da die Chrom-Chromoxidschicht in den Werkzeugen starke Verschleißerscheinungen hervorruft. Die Chrom- Chromoxidschicht bietet einen ausgezeichneten Haftgrund für die Lackierung.

ECCS kann heute überall dort eingesetzt werden, wo nicht geschweißt werden muss. Zur Anwendung kommt es daher bei gezogenen Dosen, Deckeln, Kronkorken etc. Wird das Weißblech geschweißt, muss verzinntes Material verwendet werden.

3.2.8 Konfektionierung

Nach dem metallischen Beschichten gelangt das Weißblech entweder direkt als Rolle zum Verarbeiter oder wird zunächst zugeschnitten.

Zuschnitte können sein:

- Geradtafeln, für rechteckige Blechteile wie z.B. Rumpfzuschnitte
- Scrolltafeln, für runde Blechteile wie Deckel oder Näpfe
- Schmalbänder für die Halbteilfertigung

Die Konfektionierung kann auch beim Verarbeiter erfolgen.

3.2.9 Lackieren und Beschichten

In den meisten Anwendungsfällen genügt die metallische Beschichtung nicht, um unerwünschte Wechselwirkungen zwischen Füllgut und Weißblech oder Umwelt und Weißblech auszuschließen. Daher erfolgt eine Beschichtung mit organischen Substanzen. Auftragsverfahren sind hierbei das Lackieren oder das Folienbeschichten. Als Folien kommen PP- oder PET-Folien zum Einsatz.

Ausgezeichnete Formgebungseigenschaften in Verbindung mit guter Optik und optimalen Korrosionsschutz sind die wesentlichen Merkmale dieser Beschichtung. Besonders geeignet ist das Material für die Verwendung im Bereich Aerosoldosen, für tiefgezogene Behälter, für Vollaufreißdeckel von Konservendosen und für Deckel, Deckelringe und Böden von Behältern für chemisch-technische Füllgüter. Basiswerkstoffe sind verzinntes oder spezialverchromtes Feinstblech von der Rolle.

Weißblech lässt sich darüber hinaus auch brillant auf Offset-Druckmaschinen bedrucken. Die Bedruckung erfolgt auf schon zugeschnittenen Tafeln. Anschließend deckt ein Klarlack die Bedruckung ab und schützt so vor Verkratzen. Zu guter Letzt brennen Trockenöfen die Lackschichten ein. Dabei werden die Tafeln senkrecht stehend durch den Ofen geführt.

4. Herstellen von Weißblechverpackungen

Abhängig vom Füllgut hat die weißblechverarbeitende Industrie eine Vielzahl von Verpackungsformen entwickelt (Abb. 11).

Abb. 11 Diverse Weißblechdosenformen [10]

In der Praxis unterscheiden die Verpackungshersteller zwischen zweiteiligen und dreiteiligen Dosen. Eine dreiteilige Dose besitzt einen Deckel einen Boden und einen Rumpf. Beispiele für dreiteilige Dosen sind: Gemüse-, Lack- oder Aerosoldose.
Bei der zweiteiligen Dose bestehen Rumpf und Boden aus einem Teil. Bekannte Vertreter sind tiefgezogene Dosen (Fisch-, Wurstdosen) und abstreckgezogene Dosen (Getränkedosen).

4.1 Dreiteilige Dose

Der Verpackungshersteller unterscheidet zwischen der runden und der unrunden Dreiteildose. In der Produktion können runde Dosen schneller und damit preiswerter hergestellt werden, während bei unrunden Dosen – egal ob oval oder eckig – erst ein runder Rumpf produziert wird, der in einem weiteren Bearbeitungsschritt zur gewünschten Form umgeformt werden muss.

4.1.1 Runde dreiteilige Dose

Aus rechtwinkligen Blechzuschnitten (Zargen) wird der zylindrische Rumpf der dreiteiligen Dose gebogen (Abb.12). Der Zuschnitt erfolgt auf Tafel- und Rollenscheren, die die Blechtafel zunächst längs und dann noch mal quer teilen. Die Zargen werden dem Schweißbodymaker zugeführt und gelangt zunächst in eine Rundstation. Dort sorgen Walzen für einen Entspannung des Bandzuschnittes und Formen den Dosenrumpf vor.

Die Verbindung der je nach Verfahren auch mehrfach überlappenden Stoßkanten erfolgte früher hauptsächlich im Lötverfahren. Heute kommt das

Widerstandspressschweißverfahren zur Anwendung. Dabei überlappen die Stoßkanten nur noch weniger als 0,5 mm. Zwei Schweißnahtrollen pressen die Blechenden zusammen und schicken einen Stromimpuls durch das Material. Aufgrund des hohen elektrischen Widerstandes an den Kontaktstellen der Blechenden erwärmt sich das Material und schweißt zusammen. Der Druck der Rollen beim Schweißprozess wird so eingestellt, dass die Nahtdicke an der Überlappungsstelle von ursprünglich zweifacher Blechdicke auf die bis zu 1,4-fache Dicke zusammengepresst wird. Die Überlappungsstelle des vorgeformten Bleches wird kontinuierlich zwischen den beiden Schweißrollen durchgeschoben. Die einzelnen Stromstöße ergeben dabei Schweißpunkte, die ein wenig überlappen. Damit entsteht über die gesamte Dosenhöhe eine dichte Schweißnaht. Um eine Schlackeschicht auf der Schweißnaht zu verhindern, erfolgt das Schweißen unter Schutzgas.

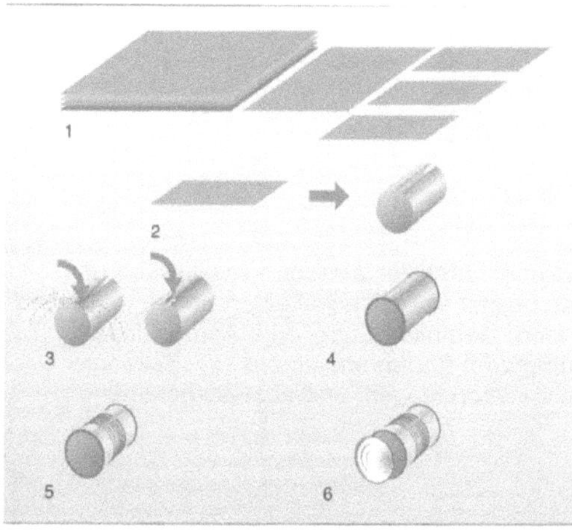

1 Zerteilen der Weißblechtafeln in einzelne Zargen
2 Zargen zum Rumpf formen
3 Naht schweißen und lackieren
4 Rumpf bördeln
5 Rumpf mit Sicken versehen
6 Auffalzen des Bodens

Abb. 12 Herstellung einer dreiteiligen Konservendose [10]

Die Maschinensteuerung kontrolliert jeden Schweißimpuls. Sollte ein Impuls nicht den erforderlichen Stromfluss besitzen, ist der Schweißpunkt nicht ausgeführt und die Schweißnaht undicht. Die Steuerung schleust den entsprechenden Rumpf automatisch aus. Somit ist für dieses Verfahren wesentlich, dass der Strom ungehindert von der Schweißrolle über die beiden Blechkanten zur Gegenkontrolle fließen kann.

Einen beeinflussenden Effekt hat die Zinnschicht des Materials mit der Schweißnahtrolle bei den hohen Schweißtemperaturen. Um diesen Effekt auf gleichem Niveau zu halten, führt der Schweißautomat zwischen Blech und Rolle einen Kupferdraht mit ovalem Querschnitt. Der Draht kann nur einmal verwendet und muss anschließend einer Wiederverwertung zugeführt werden. Eine Verschmutzung der Rolle wird so vermieden.

Da der Stromfluss beim Schweißen durch organische Beschichtungen auf den Blechzuschnitten gestört würde, muss der Schweißbereich frei von Lacken und Folie sein. Auch eine starke Chromschicht kann zu undichten Nähten führen.

Durch die oben beschriebenen Anforderungen des Schweißverfahrens ergeben sich die folgenden erforderlichen Weißblechspezifikationen.

Das Weißblech sollte mit möglichst gleich bleibender Zinnauflage und geringer Passivierungsschicht veredelt sein. Bei vorlackierten und gegebenenfalls bedruckten Tafeln bleiben die Schweißbereiche ausgespart. Nur selten setzen die Weißblechverarbeiter Verfahren ein, die den Schweißbereich vor dem Schweißen mechanisch von Chrom, Lack oder Folie befreien.

Die ungeschützte Dosenschweißnaht kann in einem weiteren Prozess mit einer organischen Schutzschicht überzogen werden. Abhängig von den Anforderungen des zukünftigen Füllgutes kommen hier Lackaufträge in flüssiger oder pulvriger Form (elektrostatisch) zum Einsatz. Die Auftragsdicke ist verhältnismäßig hoch, da Schweißnähte immer scharfe vorstehende Ecken haben, die komplett abgedeckt werden müssen. Die Restwärme der Schweißnaht reicht nicht aus, die Lackschichten zu trocknen. Daher befinden sich im Anschluss an die Schweißanlagen Trockentunnel für die Nahtlacktrocknung.

Im Schweißbodymaker werden die Rümpfe liegend, Öffnung an Öffnung, durch die Anlagen geschleust, da die Nähte in einer Linie hergestellt werden. Die nachfolgenden Umformprozesse, begonnen beim Necken über das Sicken zum einseitigen Verschließen, erfolgen in Karusselmaschinen, die die Rümpfe stehend an den Umformwerkzeugen vorbeiführen (Abb.13).

Abb.13 Karusselmaschine [10]

Ein in den Rumpf eingefahrener Stempel oder Teller sorgt jeweils für den erforderlichen Gegendruck. Je weicher das Blech umso einfacher gestaltet sich das Verformen des Rumpfes.

Umformverfahren

a) Sicken

Beim Sicken des Rumpfes werden in das Weißblech umlaufende Längsrillen
(Sicken) geformt. Sicken erhöhen die mechanische Belastbarkeit beim
Erhitzen der Dose im Abfüll-, Pasteurisations- oder Sterilisationsprozess. Form
und Anzahl der Sicken sind wiederum abhängig vom Füllgut und der
erforderlichen Belastbarkeit der Dose beim Abfüllen, Sterilisieren,
Transportieren und Lagern. Die Sicken können nicht nur als umlaufende Rillen
sondern auch als Spirale oder als Waben in den Rumpfumfang geprägt sein.

b) Prägungen

Prägungen werden in der Regel durch einen Werkzeugstempel erzeugt, der in
den Rumpf einfährt und so stark von außen und bei Bedarf auch von oben
gedrückt wird, dass sich die profilierte Oberfläche des Stempels bleibend in
die Rumpfwand eindrückt. So können fassartige Rümpfe oder unregelmäßig
umlaufende Prägungen erzeugt werden.

c) Necken

Ebenfalls optional erfolgt das Necken. Dabei wird der Rumpfdurchmesser in
der Regel an einem Ende verringert. Mit unterschiedlichen
Endendurchmessern kann die Dose besser gestapelt werden, der größere
Boden einer oberen Dose liegt sicher auf dem kleineren Deckel der unteren
Dose.

Andere Neckverfahren werden angewendet, um beispielsweise einen
Deckeldurchmesser wesentlich zu reduzieren. So lässt sich bei nahezu
gleichem Inhaltsvolumen Deckelmaterial einsparen.

d) Bördeln

Alle Rumpfenden müssen auf jeden Fall gebördelt werden, um den Boden und
den Deckel sicher befestigen zu können. Dabei werden die umlaufenden
Kanten des Rumpfendes nach außen gebogen.

e) Falzen

Als letzter Schritt wird der Boden oder der Deckel mit dem Rumpf verbunden.
Das schwierigere Ende wird zuerst aufgebracht, um das andere nach der
Abfüllung ohne Probleme verschließen zu können. Bei dreiteiligen
Getränkedosen ist es in der Regel der Stay-On-Tab-Deckel, bei geneckten
Dosen das Ende mit der größten Durchmesserreduzierung. Dabei greift der
umlaufende Außenhaken des Deckels (die Anrollung) um den Bördel. In zwei

Stufen werden Rumpfbördel und Deckelhaken mechanisch ineinander gelegt, so dass der bekannte dichte Doppelfalz entsteht. Je kleiner der Dosenfalz ausgebildet ist, umso weniger Material wird verbraucht. Als begrenzende Stelle für den Falzvorgang gilt abermals die Verdickung im Nahtbereich. Dennoch ist es heute möglich, auch mit relativ kleinen Falzüberlappungen eine ausreichende Dichtigkeit herzustellen (Minifalz).

Wird die Dose vom Hersteller direkt inline abgefüllt, lässt sich gegebenenfalls der Minifalz auch für den Deckel einsetzen. Wird die einseitig offene Dose jedoch erst palettiert und zum Abfüller transportiert, sollte die Falzgeometrie am offenen ende großzügiger ausgebildet sein, um aufgrund eventueller Transportschäden auch nach dem Abfüllen sicher dicht verschließen zu können.

4.1.2   Unrunde dreiteilige Dose

Die Herstellung des Rumpfes der unrunden Dose erfolgt zunächst als runder Rumpf mit Zuschnitt, Schweißen und gegebenenfalls Nahtlackieren, wie bereits beschrieben. Anschließend wird der Rumpf mechanisch in die gewünschte Form gezogen.

Durch die unrunde Form kann der Rumpf bei den folgenden Umformprozessen nicht an feststehenden Werkzeugen abgerollt werden, so dass die Umformung an umlaufenden Werkzeugrollenpaaren erfolgt. In der Regel werden unrunde Dosen nur relativ einfach gesickt und nicht geneckt, da hier für die Werkzeugtechnik sehr aufwendig ist.

4.2   Zweiteilige Dose

Die weißblechverarbeitende Industrie hat lange mit den Problemen der Seitennaht bei dreiteiligen Dosen kämpfen müssen. Hierbei spielte insbesondere die unzureichende Nahtabdeckung die Hauptrolle, die dazu führte, dass das Füllgut durch Poren mit dem Weißblech in Kontakt treten konnte und damit entweder das Füllgut (Geschmacksveränderung) oder die Dose (Undichtigkeiten) beschädigt wurde. So entwickelte man schon frühzeitig zweiteilige Dosen, die – weil tiefgezogen – keine Längsnaht besitzen. Heute gehören die meisten Probleme aufgrund der Optimierung der Schweißnaht und Verbesserung der Nahtabdeckung der Vergangenheit an. Dennoch ist die zweiteilige Dose in einigen Bereichen nicht mehr wegzudenken, obwohl sie im Vergleich zur dreiteiligen Dose teilweise teurer in der Herstellung ist. Zu nennen sind hier hauptsächlich flache Dosen mit großem Öffnungsdurchmesser (Fischdosen) oder Dosen mit eigenem Innendruck (karbonisierte Getränke). Die flachen Dosen werden tiefgezogen, die Getränkedosen abstreckgezogen.

4.2.1 Tiefgezogene Dose

Hierbei handelt es sich um Dosen, deren Geometrie von rund über oval bis eckig gewählt werden kann.

Zunächst werden aus dem Weißblech Ronden ausgestanzt, deren Durchmesser größer ist als der des fertigen Rumpfes. An den Rändern wird die Ronde mit einem Niederhalter festgehalten. Ein Stempel drückt das Rondenmaterial durch einen Ziehring, dabei wird das Rondenmaterial am Rand nach unten verformt (Abb. 14). Die Blechdicke des so entstandenen Napfes ist an allen Stellen (Boden und Wand) weitestgehend gleich. Hiermit kann ein Verhältnis Höhe zu Durchmesser von 1:2 realisiert werden.

Soll dieses Verhältnis überschritten werden, kann in einem zusätzlichen weiteren Bearbeitungsschritt noch tiefer gezogen werden. Dabei wird der Napf mit einem kleineren Stempel weiter tiefgezogen. Der endgültige Dosendurchmesser ist letztendlich geringer als der Durchmesser des vorgeformten Napfes. Das Material für die Dosenwand kommt dabei vom Rondenrand. Daher ist je nach gewünschter Tiefe besonderes Augenmerk auf die Ausbildung des Rondenniederhalters zu richten.

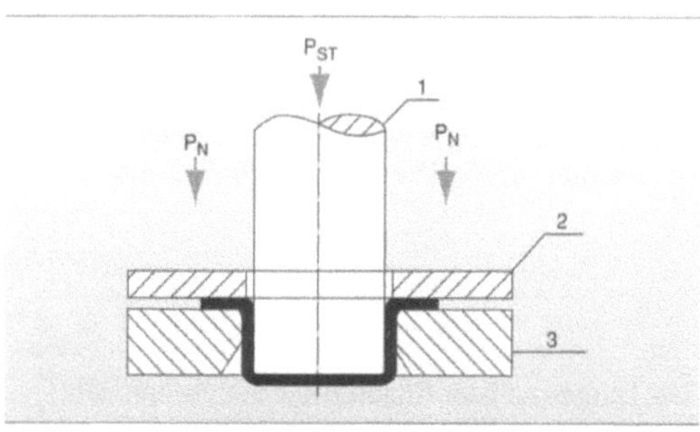

Abb.14 Schema vom Tiefziehen einer Dose [10]

Auf der einen Seite muss der Niederhalter die Ronde ausreichend festhalten, um Faltenbildung zu vermeiden, auf der anderen Seite muss aber auch genügend Material vom Rondenrand durch den Niederhalter einfließen können, um das Reißen zu vermeiden. So lässt sich für runde Dosen ein Verhältnis der Höhe zum Durchmesser von bis zu 1:1 herstellen. Auch hierbei ist Wand- und Bodendicke nahezu identisch.

Das ungleichmäßig zipfelige Napfende wird abgeschnitten. Anschließend erfolgt die Bodenprägung und – wenn gewünscht – das Sicken, Necken und Bördeln der tiefgezogenen Dose.

In der Regel werden die Ausgangstafeln lackiert oder bedruckt. Verchromtes Material muss grundsätzlich beschichtet sein, da die Werkzeuge ansonsten aufgrund seiner harten Chromschicht beschädigt werden könnten. Die Bedruckung für den Rumpfbereich von runden Tiefziehteilen entspricht nicht dem Originalbild, sondern liegt in verzerrter Form vor. Erst an der tiefgezogenen Dose erscheint das Druckbild in der gewünschten Art und Weise. Durch die hohe Umformung beim Tiefziehen müssen die eingesetzten Lacke und Druckfarben äußerst flexibel sein und dürfen selbst beim Weiterziehen nicht reißen.

4.2.2 Abstreckgezogene Dose

Durch das einem Tiefzug nachfolgende Abstreckziehen wird die Wand der Dose stark in der Dicke verjüngt. Die Stabilität der Dose ist erheblich verringert. Dies wird in der Regel mit einem entsprechend hohen Doseninnendruck kompensiert. Hierzu eignen sich karbonisierte Getränke, die den erforderlichen Innendruck aufbauen und so die gefüllte Dose stabil machen. Die Dosenanlagen sind aufgrund der aufwendigen Werkzeugtechnik nur begrenzt auf verschiedene Dosenformate umstellbar, so dass es bei der zweiteiligen im Verhältnis zur dreiteiligen Dose wenige verschiedene Dosenformen und –größen gibt.

Vor dem Abstreckziehen wird die vorgestanzte Ronde zu einem Napf gezogen, der bereits annähernd den gewünschten Dosendurchmesser aufweist (Abb. 15). In dem nun folgenden mehrstufigen Verfahren wird die Dose bei entsprechender Verringerung der Wanddicke auf eine gewünschte Höhe abgestreckt. Bei diesem Verfahren behält der Dosenboden die ursprüngliche Materialdicke bei. Das Dosenende wird durch eine entsprechende Stempelformgebung verdickt gestaltet.

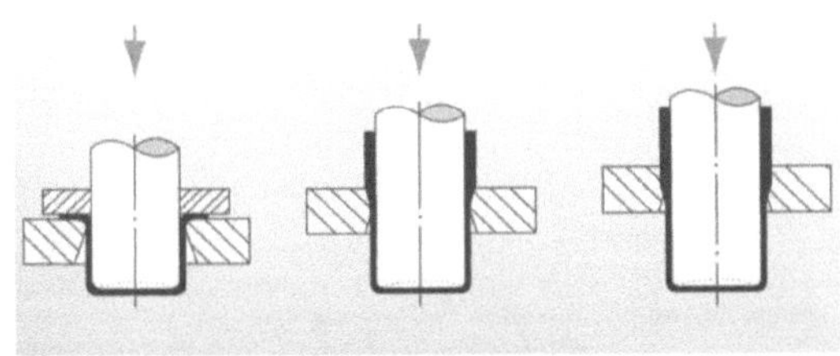

Abb. 15 Schema vom Abstreckziehen
links: Beim Tiefziehen wird ein Napf geformt.
Mitte und rechts: Beim Abstrecken bleibt der
Durchmesser des Napfes
erhalten, die Wanddicke wird
verringert. [10]

Dies ist für das Necken und Bördeln der Dose sowie für die Festigkeit des Deckelverschlusses von entscheidender Bedeutung. Nach Erreichen der gewünschten Dosenhöhe wird die Dosenbodenform geprägt, der obere wellige Rand abgeschnitten, geneckt und gebördelt. Heute ist auch ein Sicken oder Prägen der relativ dünnen Rumpfwanddicken möglich.

Da bei der Herstellung von abgestreckten Dosen Gleit- und Schmiermittel eingesetzt werden, ist nach der Formung zuerst eine eingehende Reinigung erforderlich.

In der Regel werden Abstreckdosen nicht aus vorlackiertem Ausgangsmaterial gefertigt. Nach der Reinigung erfolgt dann die Innenlackierung der Dosen. Dazu wird ein Sprühkopf in die Dose eingeführt, der Boden und Seitenwände mit einer gleichmäßigen Lackschicht überzieht. Bei sehr geschmacksempfindlichen Füllgütern wie Bier oder Mineralwasser wird eine zweite Lackschicht aufgetragen. Anschließend erfolgen individuelle Außenbedruckung und Trocknung.

Dies ist in folgender Abbildung dargestellt. Jedoch sei erwähnt, dass anders als beschrieben zunächst die Außenlackierung und im Anschluss daran die Innenlackierung erfolgt.

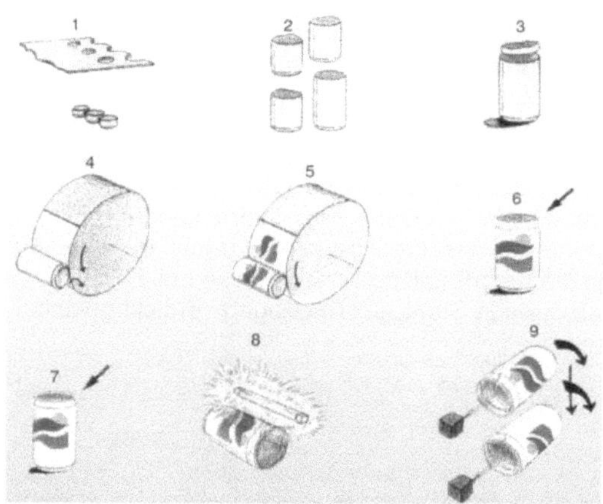

Abb.16 Schema der Herstellung einer Getränkedose [10]

4.3   Deckel für Dosen

Für die Vielzahl der oben beschriebenen Dosen hat sich eine noch größere Anzahl an Deckeln etabliert. Im Wesentlichen muss der Deckel den geometrischen Anforderungen genügen, er muss die Dose dicht verschließen, muss leicht zu öffnen sein und ein gewisses Stabilitätsverhalten aufweisen. Da Deckel nicht geschweißt werden, kommt hier sehr oft das preiswerte, verchromte Weißblech zum Einsatz.

In der Regel werden die Weißblechtafeln in Gerad- oder Scrollausführungen lackiert und anschließend in einer Hubschere in Zickzackstreifen geschnitten. Mit den Scrolltafeln lässt sich der Stanzabfall auf bis unter 15% senken. Je größer der Produktdurchmesser, desto höher sind die Einsparungen. Bei mehr als 15% Abfallreduzierung sind schon Deckeldurchmesser von 230mm notwendig. Die geschnittenen Streifen werden dem Stanzautomaten zugeführt. Die Ganztafelverarbeitung ist nur bei Hochleistungsanlagen verbreitet. Mit 250 Hüben und bis zu 12 Werkzeugen produziert die Tafelpresse 3000 Deckel pro Minute. Hier werden in einem Arbeitsgang die Deckel ausgestanzt, die Sicken geformt und der Rand halb hochgezogen. In einem Anrollautomaten werden die Böden und Deckel an den Außenkanten um 270° gekippt. Der so entstandene umlaufende Haken kann den Bördel vom Rumpf umfassen. Verschließwerkzeuge verformen Haken und Bördel zusammen zum geschlossenen Falz.

Der umlaufende Haken am Deckel verhindert außerdem, dass sich die Deckel beim Stapeln verhaken und sorgt dafür, dass sie sich in der Verschließmaschine ohne Störungen entstapeln lassen.

Viele Füllgüter benötigen neben der mechanischen Verbindung zwischen Dosenrumpf und Deckel (Falz) zusätzlich eine elastische Dichtung. Diese wird nach dem Anrollen durch Spritzdüsen in den Rand eingebracht und anschließend in Durchlauföfen getrocknet. Die Deckel werden gestapelt, verpackt und anschließend zum Dosenhersteller oder zum Abfüller transportiert.

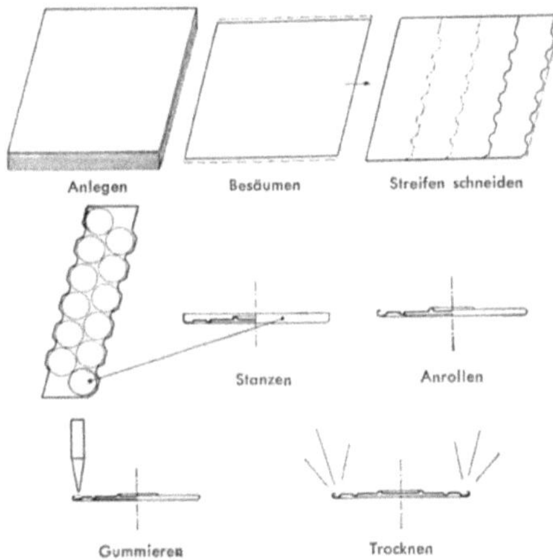

Abb. 17 Deckelfertigung [1]

Der Verbraucher verlangt zunehmend nach einfach zu öffnenden Verpackungen, so dass der Vollaufreißdeckel heute immer öfter zu finden ist. Für das Öffnen wird der Deckel von außen geritzt und mit einer Lasche versehen. Auf der Deckelinnenseite sollte der Ritzlinien-Rückseitenbereich nachmals mit Lack abgedeckt werden, damit Füllgut und Metall sich nicht berühren. Auch die äußere Ritzlinie muss zur Vermeidung von Korrosion nachträglich oberflächenbehandelt werden. Bei Vollaufreißdosen, aus denen der Verbraucher nur mit Messer oder Gabel das Füllgut entnimmt, sind keine weiteren Vorkehrungen zu treffen. Typische Vertreter dieser Klasse sind Fisch- und Gemüsedosen.

Bei Dosen mit Vollaufreißdeckeln, aus der der Verbraucher das Füllgut mit der Hand herausholen könnte, sollte die scharfe Kante hinter einer Sicke im Dosenrumpf liegen. So fährt die Hand zwar an der vorstehenden Sicke vorbei, kann jedoch nur in ungünstigen Fällen die scharfe Kante des Vollaufrisses berühren. Typische Vertreter dieser Dosen sind Milchpulver- oder Erdnussdosen.

4.4   Weißblechdeckel für Glas

Nicht immer ist Metall das Verpackungsmaterial der Wahl. Gerade bei Füllgütern, die
der Verbraucher gerne von außen begutachtet, kommt auch häufig Glas als
Behältnis in Frage. Die Gläser können mit Vakuumverschlüssen aus Weißblech
verschlossen werden.

Die Herstellung erfolgt im Wesentlichen genauso wie die bereits oben geschilderten
Deckel über Stanzen, Sicken, Anrollen und Einspritzen der Dichtungsmasse. Jedoch
sind hier die notwendigen Dichtungsmassen dicker aufzutragen, da die
Glasbehältnisse meistens etwas größere Maßunterschiede an ihrem Mündungsende
haben können und der Verbraucher diese Deckel mehrmals auf- und zuschraubt.
[10]

5 Füllen von Weißblechdosen

5.1 Reinigen

Die leeren Dosen erreichen den Abfüller entweder auf Paletten oder, wenn sich die Dosenlinie im gleichen Betrieb befindet, direkt über entsprechende Fördersysteme. Die Dosen werden bei beiden Transportarten aufrecht stehend transportiert. Dabei kann Schmutz in die offene Dose gelangen. Um diese Verunreinigungen zu entfernen, werden die Dosen zunächst gereinigt. Dies kann entweder durch Ausblasen, Ausspritzen, Ausdampfen oder eine Kombination der genannten Verfahren geschehen.

In Ausblasmaschinen werden die auf den Kopf gestellten Dosen über entsprechend angeordnete Düsen mittels Gebläse mit vorgeschalteten Filtern gereinigt. Anfallende Verunreinigungen, wie Staub oder Kartonabriebe, werden abgesaugt und ausgefiltert.

Ausspritzanlagen funktionieren ähnlich wie die Ausblasanlagen, nur mit dem Unterschied, dass statt Druckluft Wasser mit hohem Druck zur Reinigung verwendet wird. Die Reinigung mit Wasser, das zusätzlich noch erhitzt werden kann, hat gegenüber der Druckluft den Vorteil, dass auch fest anhaftende Verunreinigungen sicher entfernt werden.

Den Einsatz von Ausdampfanlagen bedingen in erster Linie hygienische Aspekte. Neben dem Reinigungseffekt werden mit dem Ausdampfen auch die eventuell vorhandenen Mikroorganismen weitgehend abgetötet. Eine Abdeckung sorgt dafür, dass die Dosen auf dem Weg zum Füller nicht erneut verschmutzen. [10]

5.2 Füllen

Für jede Art der Fertigung von Dosen- und Gläserkonserven ist der Füllvorgang von entscheidender Bedeutung. Die Füllung der Behältnisse ist eines der Merkmale, an denen zu entscheiden ist, ob das Produkt den deutschen lebensmittelrechtlichen Bestimmungen genügt. Es soll soviel festes Füllgut in die Dosen oder Gläser eingebracht werden wie technisch möglich und nicht mehr Aufgussflüssigkeit wie technisch unvermeidbar. Diese Bestimmung, die im Zusammenhang mit den DIN-Vorschriften über die Behältnisgrößen in der Lebensmittel-Kennzeichnungs-verordnung verankert ist, macht einwandfreies sorgfältiges Arbeiten beim Füllvorgang unbedingt erforderlich. Sie enthebt den deutschen Konservenfabrikanten des in den anderen Ländern vorliegenden gesetzlichen Zwanges, das Einwaagegewicht oder das Abtropfgewicht des festen Inhaltes auf der Packung zu deklarieren, fordert jedoch für jede genormte Behältnisgröße eine Füllung derart, dass die Packung im technisch erreichbaren Ausmaß mit festem Füllgut „voll" ist. Aus diesem Grunde gibt es in Deutschland weder gesetzliche noch sonst verbindliche Vorschriften über die Mindesteinfüllgewichte für die einzelnen Produkte. Die Beurteilung von Gemüse- und Obstkonserven bezüglich der Füllung erfolgt allein aufgrund von Erfahrungssätzen.

Diese Regelung hat ihre sachliche Berechtigung, weil zur Erzielung einer Packung, die nicht mehr Aufguss enthält als technisch unvermeidbar, je nach den Wachstums- und Klimabedingungen und abhängig von der Sortierung oder der Sorte das notwendige Einwaagegewicht erheblich schwanken kann. Beispielsweise sind in trockenen Jahren, wenn der Wassergehalt der Rohware geringer ist, die Einwaagen im Allgemeinen kleiner zu wählen als in feuchten Jahren. Bei Erbsen dickerer Sortierung kann zu starke Füllung einen Austritt von Stärke bewirken, der eine Gelierung oder starke Trübung des Aufgusses zur Folge hat; es ist demnach in diesen und anderen ähnlich gelagerten Fällen die technisch unvermeidbare Aufgussmenge größer bzw. die technisch mögliche Einwaage häufig kleiner als zur Erzielung einer voll gefüllten Packung dem Augenschein nach notwendig ist. Außerdem ist zu beachten, dass mit modernen Füllautomaten häufig nur Einfüllgewichte erzielt werden können, die tiefer liegen als bei Füllung von Hand. [4]

In der Regel wird heute vollautomatisch abgefüllt. Einige Produkte lassen sich jedoch nicht automatisch abfüllen. Dazu gehören zum Beispiel Fischprodukte der oberen Preisklasse. Hier müssen die einzelnen Fischfilets manuell in die offene Dose abgelegt werden, um einerseits den empfindlichen Fisch nicht zu beschädigen und andererseits dem Endverbraucher eine appetitliche Gestaltung des Doseninhaltes zu bieten. Da aber die meisten Füllgüter in flüssiger, pastöser oder stückiger Form vorliegen, lässt sich das Abfüllen in vielen Fällen gut automatisieren,

5.2.1 Flüssige und pastöse Füllgüter

Kolbenfüllmaschinen eignen sich für alle pumpfähigen Substanzen. Es kann eine Teilmengendosierung oder auch eine Vollfüllung erfolgen, wobei Kalt- und Heißabfüllung möglich sind. Kolbenfüller arbeiten als kontinuierliche Rundläufermaschinen oder Reihenfüller.

Kolbenfüllmaschinen finden ihren Einsatz zum Beispiel bei Konfitüren, Suppen, Soßen.

Mit Vakuumfüllmaschinen erreicht der Abfüller bei vorgefüllten Dosen einen gleich bleibenden Kopfraum, auch wenn unterschiedlich viel Füllgut in die Dosen gelangt ist. Der gleich bleibende Kopfraum ist insbesondere bei der nachfolgenden Erhitzung der Dose wichtig. Nach dem Einlauf der Dose in die Rundläufermaschine wird die Öffnung durch eine Ventilplatte mit Kopfraumscheibe abgedichtet. Die Dose wird evakuiert, d.h. zwecks Unterdruckbildung mit Vakuum beaufschlagt.

Niveaufüllmaschinen kommen zum Einsatz, wenn das vorgefüllte empfindliche Produkt durch das angelegte Vakuum der Vakuumfüllmaschine Schaden nehmen könnte. Auch Aufgussflüssigkeiten, die stark zum Schäumen neigen, können hier schaumlos dosiert werden.

5.2.2 Stückige Füllgüter

Im vergleich zu flüssigen oder pastösen Füllgütern sind stückige Materialien relativ schwer automatisch zu portionieren. Da aber in vielen Produkten der stückige Anteil oft die wertbestimmende Komponente darstellt, kommt es gerade hier auf eine genaue Einhaltung der Einwaage an, zum Beispiel bei Fleischkonserven wie Gulasch.

Unterschreitungen der Einwaage werden von den Untersuchungsbehörden beanstandet, während Überschreitungen auf die Gewinnmarge drücken. So haben sich neben den volumetrischen Füllern bei hochpreisigen Produkten die gravimetrischen Systeme durchgesetzt. [10]

6   Verschließen von Weißblechdosen

Vorraussetzung für die Haltbarkeit von Dosenkonserven ist außer der ausreichenden Sterilisation die hermetische Abdichtung. Undichtigkeiten, auch wenn sie sehr klein und mit optischen Hilfsmitteln nur schwer oder gar nicht erkennbar sind, führen in den meisten Fällen zu einer Nachinfektion. Hauptquelle für die Nachinfektionen ist das Kühlwasser, das beim Abkühlen durch undichte Stellen in das Doseninnere eingesogen wird. Da Nachinfektion zur Verderbnis des Doseninhaltes führt, ist die mangelhafte Durchführung des Verschließvorganges neben Sterilisationsfehlern die Hauptursache für Verderbnis. Grob geschätzt sind etwa 90% aller Bombagenausfälle bei Gemüsekonserven auf Verschließfehler zurückzuführen. [4]

6.1   Verschließvorgang

Dosen werden fast ausschließlich durch Falzung verschlossen. Beim Falzen wird der Deckel mit der Dose derart verklammert, dass diese hermetisch verschlossen wird. Die Falzung muss auch unter den Bedingungen der Sterilisation und der anschließenden Lagerung absolut dicht bleiben.

In der Verschließmaschine wird die Dose zusammen mit dem aufgelegten Deckel auf den Pinolenteller gebracht und gegen den Verschließknopf gepresst, der dem verwendeten Deckelformat nach Form und Größe angepasst ist. Dann werden nacheinander gegen den Deckelrand 2 Rollen gedrückt, wobei sich Rolle und Dose drehend aneinander abrollen. Die zuerst herangedrückte Rolle (Vorrolle) ist tief profiliert, so dass Deckelrand und Rumpfbördelrand ineinander gerollt werden. Die zweite Rolle (Andrückrolle) mit flacherem Profil drückt den durch die Vorrolle gebildeten Falz fest zusammen, so dass gleiche Blechbahnen dicht aneinander liegen. Bei den Arbeitsgängen unterscheidet man erste und zweite Operation.

Abb.18 veranschaulicht den Arbeitsvorgang und zeigt die wesentlichen Teile der Verschließmaschine. In der Abb.19 ist die Falzbildung im Detail wiedergegeben. [1]

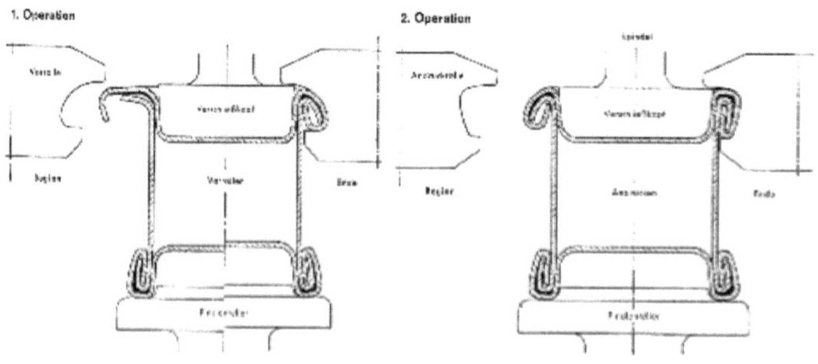

Abb.18 Verschließvorgang [1]

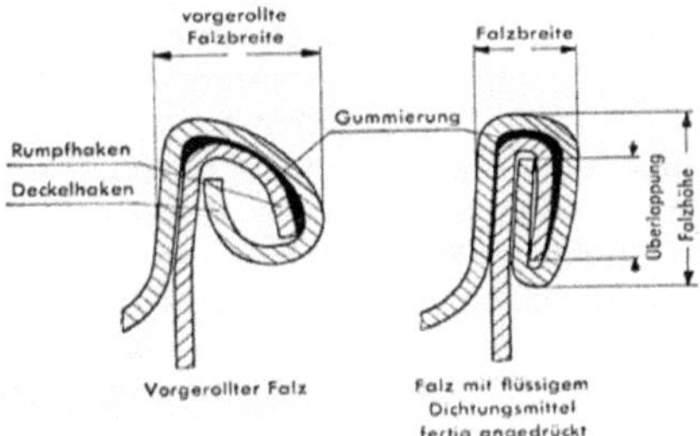

Abb.19 Falzbildung [1]

6.2 Optimale Verschließtechnik

Die Ausbildung der Dosenfalze wird demnach beim Verschließvorgang unter anderem entscheidend beeinflusst

- durch die Einstellung der ersten Rolle,
- durch die Einstellung der zweiten Rolle,
- durch das Spiel zwischen Verschließkopf und Verschließrollen,
- durch den Andruck des Tellers (Pinolendruck)

Die erste Verschließrolle ist so einzustellen, dass der Deckelhaken sich hinreichend stark unter den Rumpfhaken biegt (Abb.20). Ist die erste Rolle nicht fest genug angestellt, so erfolgt die Einrollung des Deckelhakens nicht genügend. Ist sie zu fest, so entsteht an der Deckelbrust ein Knick, der so scharf sein kann, dass der Verschließkopf an dieser Stelle das Blech anschneidet. Wird ein Falz mit zu losem Andruck der ersten Rolle von der zweiten Rolle normal angedrückt, so wird die Überlappung ungenügend, der Deckelhaken ist zu kurz, der Falz ist anomal lang gezogen, zwischen Rumpf- und Deckelhaken entstehen Hohlräume. Bei einem solchen falz ist keine Gewähr für Dichtigkeit gegeben.

Man sieht daraus, dass die erste Rolle gerade so eng eingestellt werden soll, dass sich an der Deckelbrust kein scharfer Knick ergibt. Schlechtes Einrollen bzw. starke Abnutzung der ersten Rolle führt zur Faltenbildung am Deckelhaken, die so scharf sein kann, dass sie bei normalem Andruck durch die zweite Rolle nicht entfernt wird und sich schon äußerlich am Falz durch Zackenbildung bemerkbar macht.

Abb.20 Falzverschlüsse bei verschiedener Einstellung der ersten Verschließrolle [4]

Bei zu eng eingestellter zweiter Rolle wird der Falz insgesamt zusammengequetscht und lang gezogen. Dadurch wird an der unteren Biegung des Deckelhakens ein zu scharfer Knick hervorgerufen. In extremen Fällen kann zu scharfe Anrollung durch die zweite Rolle zu einer Reduzierung der Blechdicke und zu Brüchen des Deckelmaterials, vordringlich an der Kreuznaht, führen. In jedem Fall bedeutet zu starke Anrollung durch die zweite Rolle einen unnötigen Verschleiß. Allgemein gilt jedoch, dass die zweite Rolle eher etwas zu eng als zu lose eingestellt werden sollte, weil lockere Falze undicht sind. Der richtige Andruck der zweiten Rolle ist meist dann vorhanden, wenn sich die Kreuznahtstelle am Falz deutlich abzeichnet und wenn man an der Innenseite des Rumpfes unterhalb des Bördels eine Markierung durch das Anpressen des Deckelbleches bemerken kann.

Abb.21 Falzverschlüsse bei verschiedener Einstellung der zweiten Verschließrolle [4]

Der Andruck der Pinole ist durch Veränderung der Federspannung in der Pinole so einzustellen, dass der Deckel genügend an den Verschließkopf angedrückt wird und mit der Dose in fester Berührung ist. Zu starker Pinolendruck ist zu vermeiden, weil dabei die Dose zu hoch gedrückt und folglich der Rumpfhaken zu lang wird. Umgekehrt ergibt sich bei zu schwachem Pinolendruck ein hochgezogener Falz mit zu kurzem Rumpf- und Deckelhaken. Die Deckelkerntiefe soll nach dem Verschließen nur wenig größer sein als vor der Herstellung der Falze.

Abb.22 Falzverschlüsse bei verschiedener Einstellung der Pinole [4]

Grobe Fehlverschlüsse ergeben sich meist aus einer Kombination von falschen Einstellungen, so dass bei ihrem Auftreten die Maschine auf jeden Fall gründlich zu überprüfen ist. Grundvoraussetzung für die Herstellung ordnungsgemäßer Falze ist die einwandfreie Instandhaltung der Verschließmaschinen.
Abnutzungserscheinungen am Verschließkopf und den Verschließrollen und zu großes spiel in den Lagern haben Falzfehler zur Folge. Selbstverständlich ist, dass der Verschließkopf und die Verschließrollen zu den jeweils verschlossenen Deckeln passen müssen. **[4]**

6.3   Verschlusskontrolle

Es gibt drei große Gruppen für die Kontrolle:

- a) Äußere Kontrollen
- b) Dichtigkeitsprüfungen
- c) Schnittkontrollen

a) <u>Äußere Kontrollen</u>

Hier wird durch Augenschein oder durch äußere Messungen an der Dose überprüft, ohne diese dabei zu zerstören. Lassen diese Prüfungen einen Fehler vermuten, muss unbedingt die Schnittkontrolle folgen.

Mit dem Falzmikrometer misst man die Falzbreite, und zwar an mehreren Stellen, um eine Kontrolle für die Gleichmäßigkeit zu erhalten. Das Maß der Falzbreite ist von der Blechdicke abhängig. Das fünffache Maß der Blechdicke zuzüglich eines kleinen Zuschlags für das Dichtungsmaterial gibt einen Anhaltspunkt für diesen Wert.

b) <u>Dichtigkeitsprüfungen</u>

Alle Dichtigkeitsprüfungen für Falze beruhen darauf, dass man zwischen dem Doseninneren und der Umgebung einen Druckunterschied schafft. Hierfür gibt es verschiedene Methoden und Apparate. Diese müssen gewährleisten, dass sich die Dose bei dem angegebenen Druck frei ausdehnen kann. Der Druck darf dabei nur soweit gehen, dass am Deckel keine Nasenbildungen entstehen, da dann die ursprüngliche Form des Falzes bereits verändert würde.

Die gebräuchlichste Überwachung während des Betriebes ist die Druckkontrolle mit dem Dosenprüfmanometer. Dazu sticht man mit dem Dreikant des Manometers zentrisch in den Deckel hinein. Die obere Abdichtung wird durch eine entsprechende Gummimanschette erzielt. Im Anschluss daran pumpt man die leere Dose langsam auf, sie wird dabei unter Wasser gehalten. Bei einer Falzundichtigkeit zeigt herausperlende Luft deutlich die Stelle an.

c) <u>Schnittkontrollen</u>

Die bessere und sichere Methode der Falzüberwachung ist die Bewertung des Querschnitts eines Falzes. Dazu werden mit einer Säge auf dem Umfang des Deckels etwa drei Doppelschnitte angefertigt, einer dieser Schnitte muss auf der Kreuznaht liegen. Werden dann die dabei entstehenden kleinen Streifen nach außen gebogen, ist mit einer Lupe der Falzquerschnitt leicht zu beurteilen. **[2]**

7 Lebensmittelkonservierung in Weißblechdosen

Gerade für Lebensmittel ist es von entscheidender Bedeutung, dass die Produkteigenschaften in der Dose möglichst vollständig und lange erhalten bleiben. Im Vergleich zu anderen Packmitteln besticht die Dose durch

- absoluten Lichtschutz
- absolute Gasdichtigkeit
- Füllgutneutralität
- lange Lagerdauer ohne zusätzlichen Energieaufwand wie beispielsweise Kühlen
- hohe mechanische Verpackungsstabilität, die ein stapeln und – in gewissen Grenzen – ein Anecken erlaubt.

Um die genannten positiven Eigenschaften der Weißblechverpackung zu unterstützen, wird der Inhalt so schonend wie möglich behandelt. Da die Konserven durch Erhitzen haltbar gemacht werden können, ist Zusatz von Konservierungsmitteln nicht notwendig. Leider verführt der umgangssprachlich verwendete Begriff Konservendose leicht zur Annahme, dass der Inhalt von Dosen mit Konservierungsmitteln haltbar gemacht wurde. Dies ist weder zulässig noch notwendig.

Angepasst an Füllgut und gewünschte Lagerdauer haben sich verschiedene Methoden der Haltbarmachung durchgesetzt. Allen Verfahren ist gemein, dass sie die mikrobiellen oder enzymatischen Vorgänge, die zum Verderb führen können, unterbinden oder – im Falle der begrenzten Haltbarmachung – verzögern. In Zusammenhang mit der Weißblechdose sind hier vor allem das

- Evakuieren/Schutzbegasen,
- Karbonisieren,
- Pasteurisieren,
- Sterilisieren und die
- aseptische Abfüllung

zu nennen.

7.1 Evakuieren/Schutzbegasen

Durch das Evakuieren der Dose (mit Vakuum beaufschlagen) und das anschließende Begasen mit inerten Gasen wie Stickstoff werden mikrobiologische Prozesse, hervorgerufen durch Pilze, Hefen und Bakterien, verzögert. Den aeroben Mikroorganismen wird der Sauerstoff in der Dose entzogen.

Das Fehlen des Sauerstoffes in der Verpackung sorgt auch dafür, dass die sensorischen Eigenschaften des Füllgutes erhalten bleiben. Die Schutzbegasung hat jedoch keinen Einfluss auf die biochemischen Veränderungen des Füllgutes. Daher kann das Evakuieren in der Regel nur unterstützend mit anderen Verfahren eingesetzt werden.

Die hohe mechanische Stabilität der Weißblechverpackung sorgt dafür, dass die Dose durch das in ihr herrschende Vakuum nicht in sich zusammenfällt und das Füllgut beschädigt. Geeignete Lebensmittel für eine Evakuierung und Begasung sind zum Beispiel Backwaren, Milchpulver, Kaffee und Nüsse.

7.2   Karbonisieren

Das Karbonisieren hat sich vor allem bei Erfrischungsgetränken durchgesetzt. Dabei macht man sich die keimhemmende Wirkung von Kohlensäure, einhergehend mit dem Erfrischungseffekt durch die prickelnden Eigenschaften, zunutze. Beim Karbonisieren von Wasser werden etwa 0,1% des zugegebenen CO_2 mit Wasser chemisch zu Kohlensäure gebunden. Die CO_2- Aufnahmefähigkeit der Flüssigkeit ist abhängig vom Druck im System, der Temperatur der Flüssigkeit und der Inhaltsstoffe der Flüssigkeit. Je höher der Systemdruck und je tiefer die Temperatur, umso besser lassen sich die Getränke mit CO_2 imprägnieren. Der CO_2- Aufnahme steht ein hoher Sauerstoffgehalt im Wasser entgegen. Dies geschieht in evakuierten Behältern, in denen das Wasser versprüht wird. Durch das anliegende Vakuum löst sich der gebundene Sauerstoff und wird abgesaugt. Es besteht aber auch die Möglichkeit, unter Druck einen Austausch von Sauerstoff und CO_2 vorzunehmen.

Beim eigentlichen Karbonisieren kommt es nun darauf an, dass das Wasser oder Getränk auf eine möglichst große Fläche verteilt wird und das vorbeiströmende gasförmige CO_2 aufnimmt (Abb.23). Bis die Flüssigkeit dann letztendlich in der Dose verschlossen ist, gibt sie einiges des aufgenommenen CO_2 wieder ab. Das heißt, dass beim Karbonisieren mehr CO_2 von der Flüssigkeit aufgenommen werden muss als der Karbonisierungsgrad des fertigen Getränks vorsieht.

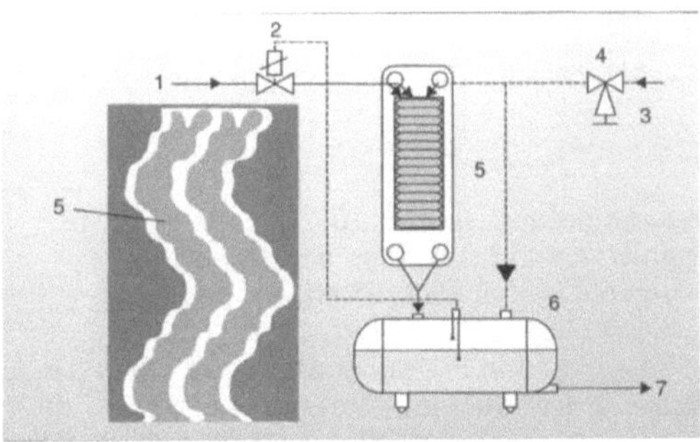

1 Wassereintritt
2 Magnetventil
3 CO_2- Eintritt
4 CO_2- Reduzierungsventil
5 Einstromplatte als Rieselplatte für
    den Gasaustausch
6 Ausgleichsbehälter
7 zur Füllmaschine

Abb. 23 Schema vom Karbonisieren [10]

7.3 Pasteurisieren

Beim Pasteurisieren handelt es sich um einen Hitzebehandlungsprozess, der bei Temperaturen zwischen 70 und 100°C durchgeführt wird (Abb. 24). Bei diesen Temperaturen erfolgt keine vollständige Inaktivierung der Verderbniserreger, so dass neben dicht schließenden Behältnissen weitere Maßnahmen oder bestimmte Eigenschaften des Lebensmittels selbst zur Haltbarmachung erforderlich sind. So werden pasteurisierte Produkte wie Milch oder Schinken zusätzlich gekühlt.

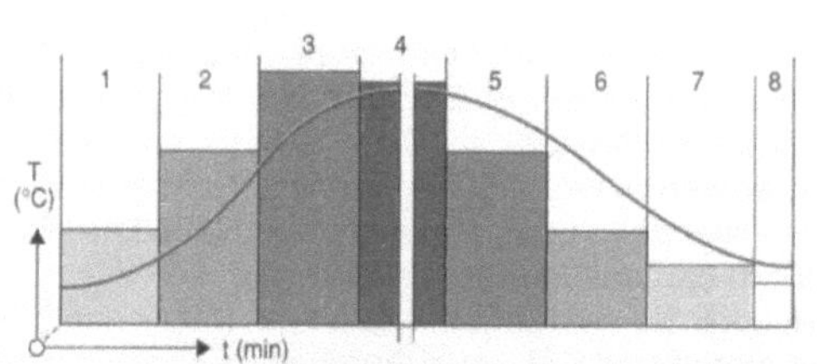

Abb. 24 Schema des Temperaturverlaufs beim Pasteurisieren [10]

Bei Obst- und Sauerkonserven ist diese Kühlung nicht erforderlich. Hier bewirkt der niedrige pH-Wert (Kleiner 4,5) in Verbindung mit der Pasteurisation eine ausreichende Konservierung, da Sporenbildner in diesem pH-Bereich nicht mehr aktiv werden können.

Die heute üblichen Durchlaufpasteurisationen arbeiten entweder mit Wasserbad, Dampfdüsen oder Berieselungsdüsen.

7.4 Sterilisieren

Bei der Sterilisation liegen die Erhitzungstemperaturen über 100°C. Damit ist eine vollständige Inaktivierung von Mikroorganismen und Enzymen sichergestellt. Es entstehen die so genannten Vollkonserven mit langer Haltbarkeit.

Wesentlich bei dem Verfahren ist, dass das gesamte Füllgut ausreichend lange die geforderte Mindesttemperatur gehalten hat. Bei stehenden Dosen und festen Füllgütern erfolgt die notwendige Erhitzung der gesamten Dose nur langsam, da die Wärme von außen bis in die Mitte der Dose geleitet werden muss. Bei Dosen mit flüssigen Füllgütern erfolgt die Erhitzung des gesamten Inhaltes schneller, da die geschlossene Dose in Autoklaven (Druckkessel zum Überhitzen der Umgebungstemperatur) rotiert und somit die Wärme durch die Bewegung des Füllgutes in der Dose nach innen transportiert wird (Abb. 25). Die erforderliche Chargenzeit kann damit wesentlich reduziert werden.

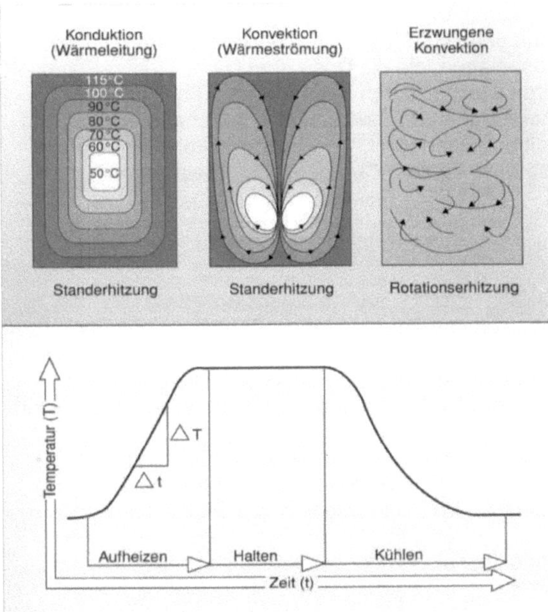

Abb. 25 (oben): Wärmeleitung und Konvektion
(unten): Wärmeleitung Temperaturverlauf [10]

In der Praxis werden sowohl diskontinuierlich – bei oft wechselnden Formaten, großer Produktvielfalt oder kleinen Stückzahlen – als auch kontinuierliche Autoklaven bei großen Stückzahlen mit gleichen geometrischen Abmessungen zum Einsatz. [10]

Beim Garen bzw. Sterilisieren von Gemüse treten sowohl Verluste durch Auslaugung in das Kochwasser bzw. in den Aufguss sowie durch Zerstörung hitzeempfindlicher Inhaltsstoffe auf. Zu den hitzeempfindlichen Vitaminen gehören Ascorbinsäure (Vitamin C), Folsäure, Riboflavin (Vitamin B_2) und Thiamin (Vitamin B_1). Folglich sind diese Vitamine beim Garen bzw. Sterilisieren von Gemüse besonders stark gefährdet. Gleichzeitig zeigen einige dieser Vitamine, insbesondere Thiamin, Folsäure und Ascorbinsäure eine hohe Empfindlichkeit gegen Sauerstoff, indem sie oxidiert und dadurch auch zerstört werden.

Diese Verluste, die zwangsläufig auftreten, sind jedoch sehr stark von den äußeren Einflüssen wie Sterilisationszeit und Gegenwart von Sauerstoff abhängig und lassen sich durch optimierte Bedingungen deutlich minimieren.

In der Konservenindustrie werden die Gemüse in luftdicht verschlossenen Behältnissen sterilisiert. Durch eine besondere Verschlusstechnik, bei der kurz vor dem Verschließen ein Dampfstoß unter den Deckel injiziert wir, sind diese Behältnisse praktisch frei von zerstören wirkendem Sauerstoff. [2]

Ebenso wie bei der Pasteurisation kommen auch hier Anlagen mit Vollwasser, Dampfdüsen oder Berieselungsanlagen zum Einsatz. Als Sonderverfahren findet man auch vereinzelt Beflammungsanlagen, die die Dose direkt über offener Flamme erhitzen. Bedingt durch die höheren Temperaturen beim Sterilisieren liegt der Innendruck der Dose höher als beim Pasteurisieren. Daher arbeiten die Anlagen mit Gegendruck, der dem Doseninhalt entgegen wirkt. Viele Anlagen können während der Erhitzung die Dose drehen, so dass kürzere Chargenzeiten realisiert werden können. **[10]**

7.4.1 Rotationssterilisation

Die Sterilisationsbedingungen, d.h. Zeit und Temperatur der Erhitzung, sind exakt auf die Erfordernisse abgestimmt, die sich aus der spezifischen Wärmeleitfähigkeit der Gemüse sowie Art und Form der Behältnisse ergeben. Automatische Steuerungen sorgen heute dafür, dass die vorgewählten Sterilisationsparameter exakt eingehalten werden.

Durch den Einsatz der Rotationssterilisation ist eine weitere Optimierung der Konservenherstellung möglich. Hierzu werden die Dosen in der Sterilisationsanlage „Kopf über Kopf" rotiert.
Der Vorteil der Rotationssterilisation liegt also in der schnelleren und gleichmäßigeren Erhitzung des Produktes.

Je nach Produktbeschaffenheit und Abmessung der Verpackung kann die Sterilisationszeit durch die Rotation gegenüber konventionellen Verfahren im Stand um bis zu 30% verkürzt werden. Insbesondere hitzeempfindliche Inhaltsstoffe werden dadurch deutlich weniger abgebaut und die sensorischen Eigenschaften wie Aussehen, Geschmack und Konsistenz wesentlich verbessert.

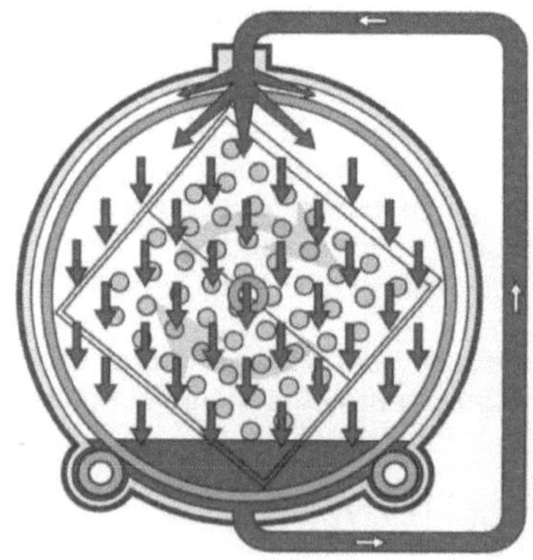

Abb. 26 Rotationsautoklav [3]

Da Gemüsekonserven in Europa nur mit sehr geringen Deckungsbeiträgen
produziert werden können, wird die Rotationssterilisation aufgrund der höheren
Investitions- und Betriebskosten nur selten für diese Produktgruppe eingesetzt. Eine
breite Anwendung hingegen findet sie bei der Herstellung von Suppen, Eintöpfen und
Fertiggerichten. [3]

7.5   Aseptisches Abfüllen

Bei der klassischen Herstellung von Lebensmitteldosen erfolgt das Abfüllen und
Verschließen der Dose unter unsterilen Bedingungen. Die geschlossene Verpackung
und das Füllgut werden erst im Anschluss gemeinsam hitzekonserviert.

Bei der aseptischen Abfüllung werden Verpackung und Füllgut vor dem Füllen
getrennt entkeimt und anschließend im keimfreien Raum abgefüllt und verschlossen
(Abb. 27).

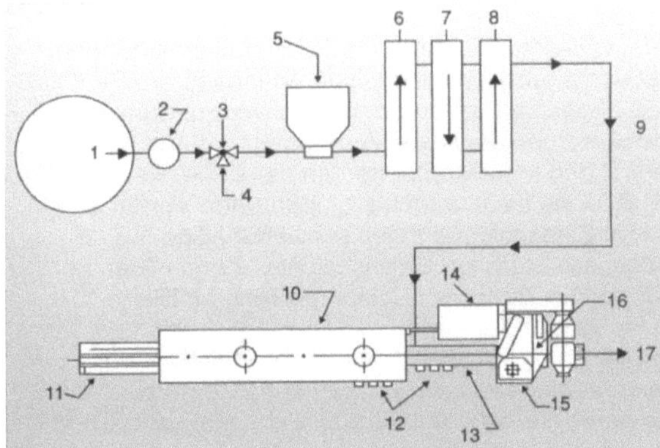

Abb. 27 Schema aseptische Abfüllung [10]

Das Füllgut wird mit hohen Temperaturen (135 – 150°C) erhitzt. Die Haltezeit ist sehr
kurz und liegt im Sekundenbereich. Damit eignet sich dieses Verfahren für flüssige
Produkte mit nur wenigen kleinen Stücken. Beispiele für die aseptische Abfüllung
sind Milch, Fruchtsäfte, Cremes, Desserts, Fertigsuppen und Saucen.

Werden die Stücke größer (über 10mm Durchmesser), muss die Haltezeit verlängert
werden. Die hohen Temperaturen schädigen dann jedoch auch das flüssige
Trägermedium. Daher muss in diesem Fall der stückige Anteil getrennt von dem
flüssigen Füllgut sterilisiert werden.

Die Dosen werden mit Heißluft oder Dampf von etwa 260°C sterilisiert. Angestrebt
wird eine Oberflächentemperatur von etwa 225°C. Das Abfüllen und das
anschließende Verschließen erfolgt unter sterilen Bedingungen. Eine
Überdruckatmosphäre von Sterilluft oder –dampf sorgt dafür, dass keine Keime von
außen in den Abfüllbereich eindringen können.

8 Wechselwirkungen von Weißblech und Füllgut sowie deren Vermeidung

In bestimmten Anwendungsfällen genügt die metallische Beschichtung nicht, um unerwünschte Wechselwirkungen zwischen Füllgut und Weißblech oder Umwelt und Weißblech auszuschließen. [12]

Bei der Sterilisation, insbesondere aber bei der anschließenden Lagerung treten Wechselwirkungen zwischen Dosenmaterial und Füllgut unterschiedlichen Ausmaßes ein. Sie sind oft für Haltbarkeit und Genusswert der Konserve ohne Bedeutung, häufig führen sie jedoch zur Zerstörung der Dose und zum völligen Verderb des Füllgutes.

8.1 Marmorierung

Beim Dosenmaterial ist zunächst die bekannteste, häufigste und sichtbar in die Augen springende „Marmorierung" der Weißblechdosen zu erwähnen. An der Innenseite der blanken Zinnschicht treten flammig begrenzte, zackige Flecken auf, deren Farbe bräunlichgelb bis blauschwarz sein kann. Ursache derartiger Verfärbungen sind neben Schwefelwasserstoff organische Schwefelverbindungen, die entweder als solche im Füllgut vorliegen (schwefelhaltige Aminosäuren, Senföle etc.) oder aber bei der Sterilisation abgespalten werden. Die Schwarzfärbung kann auch bakteriell bedingt sein. Bedingt werden derartige Verfärbungen durch den Umsatz der genannten Substrate mit den Metallkomponenten der Dose. Es bildet sich zunächst goldbraunes Zinnsulfid, das die erwähnten gelbbraunen Verfärbungen hervorruft. Durch feine Porungen der Zinnschicht dringen schwefelhaltige Verbindungen, vor allem Schwefelwasserstoff, zur Eisenschicht vor und bilden dort blauschwarzes Eisensulfid, das durch die Zinnschicht hindurch scheint. Die Verfärbung der Zinnschicht kann im Verlauf der Lagerung – bedingt durch Veränderung des aktuellen Säuregrades der Dosenfüllung – mehr oder minder stark verschwinden. Die Marmorierung setzt meist keine vorhergehende Zersetzung der oben genannten organischen Schwefelverbindungen voraus. Schwefel kann direkt solchen Verbindungen entzogen und zum Sulfid gebunden werden.

Derartige Verfärbungen sind, wenn sie nicht zur Korrosion führen, durchaus normale Erscheinungen bei Weißblechdosen. Sie stehen in keinem direkten Zusammenhang zur Füllgutqualität und zum Alter der Konserven. Durch Verwendung von mit Zinkoxyd vermischten schwefelfesten Lackierungen kann hier Abhilfe geschaffen werden.

8.2 Korrosion

Weit tiefgreifender und für die Haltbarkeit der eingedosten Lebensmittel entscheidend sind Veränderungen am Behältermaterial, die unter dem Begriff der Korrosion zusammengefasst werden. Darunter versteht man die Zerstörung von Metall durch chemische oder elektrochemische Reaktionen mit Bestandteilen seiner Umgebung. Als korrodierende Agentien spezifischer Art kommen hier u. a. organische Säuren, Salzlösungen und weitere Komponenten von Aufguss-flüssigkeiten, Luftsauerstoff sowie zahlreiche Reinigungsmittel in Frage. Korrosionen beeinflussen damit auch Qualität, Verkäuflichkeit und Haltbarkeit verpackter Lebensmittel in weitem Ausmaß.

Unter der Vielfalt der Korrosionserscheinungen interessieren vor allem solche, die am Behältermaterial der Dosen vor sich gehen. Besonders eingehend untersucht sind Umsetzungen bei Weißblech, also im System Zinn- Eisen.

Die Zinnschicht weist stets, wenn auch nur in geringem Ausmaß, Poren auf. Dies führt dazu, dass sich in solchen Poren, ein von der Zinnschicht verschiedenes Potential ausbildet. Metallkorrosion in wässrigen Lösungen kann für die Vorgänge an der Grenzfläche Metall-Lösung vereinfacht in zwei Teilvorgänge zerlegt werden:

1. einen anodischen $\qquad\qquad$ $Me \leftrightarrow Me^{2+} + 2e^-$

bei dem sich Metallionen vom Metall ablösen und die äquivalente Elektronenzahl zurücklassen und

2. einen kathodischen $\qquad\qquad$ $2H^+ + 2e^- \leftrightarrow H_2$

Daraus ergibt sich als Voraussetzung für den Ablauf der Korrosion, dass zwischen den Stellen, an denen die Reaktionen 1. und 2. ablaufen, ein Potentialgefälle besteht. Es entstehen durch saure Füllgüter aus dieser Reaktion die sogenannten Wasserstoffbombagen.

Abb.28 Wasserstoffbombage [11]

Für die Frage welches Metall zur Kathode wird und welches anodisch gelöst wird, liegt zunächst die Annahme nahe, dass hier das edlere Metall, im Falle des porentragenden Weißbleches also das Zinn, die Rolle der Kathode übernimmt und ungelöst bleibt. Für starke Säuren trifft das zweifellos zu. Für die in der Praxis besonders bedeutenden Fruchtsäuren liegen die Verhältnisse jedoch anders.

Für das anodische oder kathodische Verhalten eines Metalls entscheidend ist das von der Ionenaktivität abhängige Potential des Halbelementes Metall/Elektrolyt. In

Weißblechdosen gehaltene Fruchtsäfte fangen durch ihren Gehalt an Säuren die unter dem Lösungsdruck sich ablösenden Zinnionen durch Komplexbildung ab.

Dabei verläuft die Reaktion

$$Sn \leftrightarrow Sn^{2+} + 2e^-$$

praktisch von links nach rechts ab. Das Zinn verhält sich hier unedler als das Eisen, geht bevorzugt in Lösung und kann zunächst das zur Kathode gewordene Eisen schützen. [1]

In den Bildern 29 a und b sind die typischen Erscheinungsformen der Zinn- und Eisenkorrosion schematisch dargestellt. Bei einem zinnlösenden Füllgut wird Zinn unter der Lackpore flächenmäßig aufgelöst. Das Zinn wirkt als „Opferanode", wobei das Eisen kathodisch geschützt wird. Beim eisenlösenden Füllgut erfolgt dagegen unter der Lackpore eine nadelstichartige Metallauflösung, die zum Lochfraß führen kann (Abb30). [8]

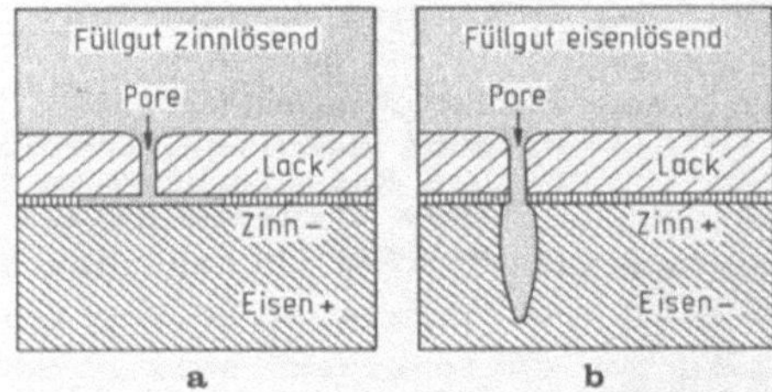

Abb.29a+b Korrosionsvorgänge an Weißblech [8]

Abb.30 Konserve mit Lochfraßkorrosion [11]

Erst nach dem Abtragen größerer Teile der Zinnschicht geht in derartigen Fällen Eisen in das Füllgut über. Ausgesprochen zinnlösende Eigenschaften besitzen z.B.

Obst, Fruchtsäfte, Bohnen, Spinat. Neben solchen Komplexbildnern sind auch Oxidationsmittel, wie Nitrate oder Nitrite aus gepökelten Füllgütern, größere Kochsalzmengen sowie Luftsauerstoff, korrosionsfördernd.

Bekannt ist die Korrosionsanfälligkeit nicht lackierter Dosen dann, wenn das Füllgut in geöffneten Dosen gelagert wird (Abb.31). **[1]**

Abb.31 Korrodierte, geöffnete Dose [11]

Wie in Abb.31 zu erkennen ist, tritt eine Entzinnung meist in Höhe des Flüssigkeitsspiegels ein. Folglich muss auch beim Füllvorgang der vorhandene Sauerstoff im Kopfraum entfernt werden. Hochkorrosive Füllgüter, insbesondere Obst, sollten nach Möglichkeit immer exhaustiert oder evakuiert werden. **[4]**

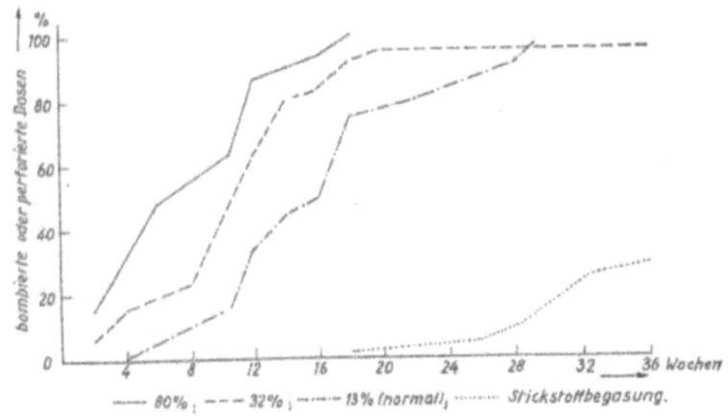

**Abb.32 Einfluss des Sauerstoffes auf die Korrosions-
Geschwindigkeit von Obstkonserven [1]**

8.3   Korrosionsschutz

Wegen der Grenzen, die dem Werkstoff Weißblech in seinem Korrosionsverhalten
gegenüber einer Reihe von Füllgütern gesetzt sind, ist es in vielen Fällen notwendig,
einen zusätzlichen Oberflächenschutz durch Aufbringen eines korrosionsbeständigen
Oberflächenfilms vorzusehen. Man verwendet zu diesem Zweck Kunstharzlacke, die
im Walzlackierverfahren auf das Grundmaterial aufgetragen und bei Temperaturen
von etwa 190° bis 210°C eingebrannt werden. Bei dem Einbrennvorgang nehmen die
Lackierungen eine goldgelbe bis goldbraune Farbe an.

Die Lackierungen müssen einer Reihe von Ansprüchen genügen. Sie müssen
beständig sein gegenüber den in der Konservenindustrie gebräuchlichen
Sterilisationstemperaturen; sie dürfen durch die in Obst- und Gemüseprodukten
vorkommenden Säuren nicht angegriffen werden und müssen die mechanischen
Beanspruchungen der Dosenfertigung aushalten. Des Weiteren dürfen sie keinerlei
Geschmacks-, Geruchs- und Farbstoffe an das Füllgut abgeben. [4]

9   Recycling

Verpackungen erzeugen nach ihrem Gebrauch Abfall. Tatsache ist, dass
bundesdeutsche Haushalte pro Jahr rund 44 Mio. Tonnen Müll produzieren, das sind
umgerechnet 550 kg pro Einwohner. Davon sind etwa 7 Mio. Tonnen
Verkaufsverpackungen verschiedenster Art. [2]

Weißblech ist ein idealer Kreislaufwerkstoff. Denn ebenso wie andere Stahlprodukte
ist Weißblech zu fast 100 Prozent recycelbar und zwar beliebig oft und ohne
Minderung der qualitativen Eigenschaften. Ein "Downcycling", also ein Recycling mit
ständigem Qualitätsverlust, gibt es bei Weißblech nicht.
Jede Weißblechverpackung, die gesammelt wird, wird auch recycelt. Verpackungen
aus Weißblech als Ex-und-Hopp-Verpackungen zu bezeichnen, ist deshalb schlicht
falsch. Verwendete Weißblechverpackungen werden im Stahlwerk eingeschmolzen
und zu neuen hochwertigen Stahlprodukten verarbeitet. Die Recyclingrate von
Weißblech lag 2002 in Deutschland bei insgesamt 79 Prozent. Das entspricht bei
einer Gesamtverwendung von 712.400 Tonnen Weißblech einer Recyclingmenge
von 562.000 Tonnen. Acht von zehn Dosen werden damit heute schon recycelt.

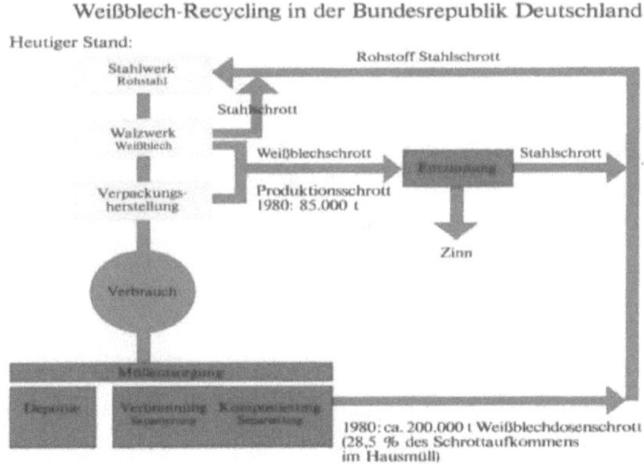

Abb.33 Kreislauf Weißblech-Recycling [6]

Weltweit sind zwei Verfahren zur Stahlherstellung etabliert, die beide den Zusatz von
Schrott erfordern. In Elektrostahlwerken werden bis zu 100 Prozent Schrott
eingesetzt, in Oxygenstahlwerken bis zu 25 Prozent. Bei der Stahlherstellung im
Oxygenstahlwerk, dem in Deutschland am meisten verbreiteten Herstellungs-
verfahren, wird durch Einblasen von Sauerstoff, dem so genannten "Frischen", im
Konverter aus Roheisen Stahl hergestellt. Das im Hochofen aus Erz gewonnene
Roheisen ist aufgrund seiner physikalischen Eigenschaften nicht für die formgebende
Verarbeitung geeignet. Hohe Phosphor- und Kohlenstoffgehalte machen es spröde
und hart. Beim Frischen sinkt der Kohlenstoffgehalt von ursprünglich 3 bis 4 Prozent
auf ca. 0,02 Prozent, andere Eisenbegleiter wie Phosphor oder Silizium verbrennen.
Dabei steigt die Temperatur durch den Oxidationsvorgang so stark an, dass es nötig
wird, die entstehende Prozesswärme abzuführen oder - noch besser - sinnvoll zu
nutzen. Hier kommt der Schrott zum Zuge. Sein Einsatz im Konverter hält die

Temperatur in den für die Stahlherstellung erforderlichen Bereich von etwa 1.600° C.
Je nach Einsatzzweck wird der Rohstahl anschließend den metallurgischen
Anforderungen entsprechend legiert. Wichtige Eigenschaftsprofile des später zu
verarbeitenden Walzmaterials werden schon zu diesem Zeitpunkt definiert.
Jährlich werden in Deutschland zwischen 17 und 19 Mio. Tonnen Stahlschrott
eingeschmolzen. Das entspricht einem Schrottanteil von 400 kg pro Tonne Rohstahl.
Der Weißblechschrottanteil daran beträgt ca. 3,5 Prozent. Allein durch den Einsatz
des qualitativ hochwertigen Weißblechschrotts bei der Stahlherstellung können in
Deutschland pro Jahr rund 800.000 Tonnen Eisenerz und ca. 360.000 Tonnen Kohle
gespart werden - diese Menge entspricht der Ladekapazität von 1160 Güterzügen
mit einer Gesamtlänge von 450 km.

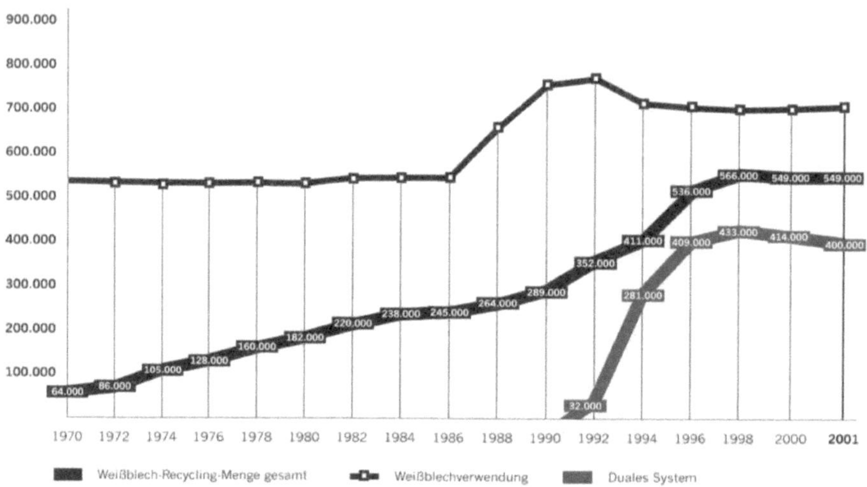

Abb.34 Weißblechrecycling und –verbrauchsmengen in Tonnen seit 1970 [10]

Wesentliches Element des ressourcenschonenden Umgangs mit der Umwelt sind
nicht nur hohe Rückfuhrraten und ein hochwertiges Wiederaufbereiten der
Materialien, sondern auch der sparsame Umgang mit den Materialien. Gerade auf
dem Gebiet der Weißblechverpackung ist diese Entwicklung vorangeschritten. So ist
das Gewicht der Dose bei gleichem Inhaltsvolumen durch den Einsatz des
doppeltreduzierten Weißbleches, besonderen Sickenstrukturen am Umfang, der
geneckten Rümpfe und der reduzierten Deckeldurchmesser beständig
zurückgegangen (Abb.35). So erklärt sich, dass, obwohl der Weißblechverbrauch
seit vielen Jahren um 700000 t in Deutschland stagniert, die Anzahl der aus dem
Weißblech hergestellten Dosen dennoch ständig steigert. **[10]**

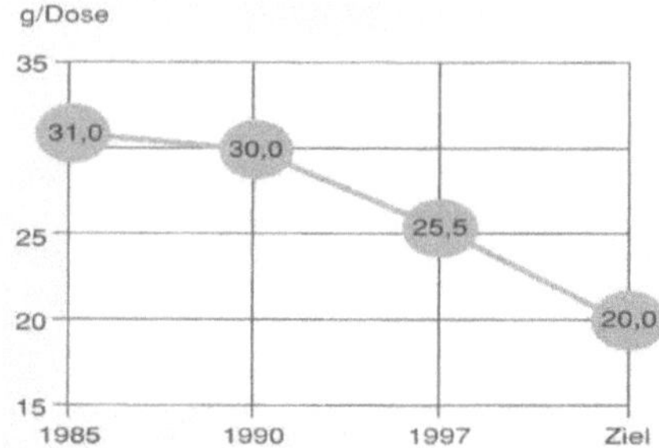

Abb.35 Gewichtreduzierung Getränkedosen [10]

9.1   Sammel- und Sortiersystem für Privathaushalte und Kleingewerbe

Seit 1991 werden Verpackungen unabhängig von der kommunalen Abfallentsorgung eingesammelt und der Wiederverwertung zugeführt. Diese Aufgabe wird von dem Unternehmen Duales System Deutschland GmbH (DSD) übernommen, deren Gründung auf der Verpackungsverordnung 1991 beruht. **[2]**

Das Duale System finanziert sich über Lizenzentgelte, die je nach Aufwand für die Erfassung und Sortierung der einzelnen Packstoffe, den Markenartiklern oder Importeuren berechnet werden. Im Gegenzug sind die Produkthersteller berechtigt, ihre Verpackungen mit dem Grünen Punkt zu versehen. **[13]**

Alle Verpackungen, die mit dem Zeichen des Dualen Systems – dem Grünen Punkt – versehen sind, werden mittels gelben Säcken oder Werkstofftonnen haushaltsnah erfasst, sortiert und den Herstellern bzw. den Garantiegebern zur stofflichen Wiederverwertung übergeben. Bei diesen Aktivitäten hängt jedoch der Erfolg, also das Recycling der gebrauchten Verpackungen, wesentlich von der aktiven Beteiligung der Verbraucher ab. Sie sind ein wesentliches Glied im Werkstoffkreislauf der einzelnen Packstoffe.

In den Sortieranlagen des Grünen Punktes zeichnet sich Weißblech gegenüber anderen Packstoffen durch einen einzigartigen Vorteil aus: Die ferromagnetische Eigenschaft des Materials macht aufwendiges Sortieren von Hand überflüssig. Der vollautomatische Sortierprozess ist nicht nur wirtschaftlich, sondern auch äußerst effektiv:

98 Prozent der vom Dualen System eingesammelten Weißblechverpackungen werden aussortiert und der Wiederverwertung im Stahlwerk zugeführt. Das wird bei keinem anderen Wertstoff erreicht.

9.2 Rücknahme- und Verwertungssystem für industriell genutzte Weißblechverpackungen

Auch für gewerblich und industriell genutzte Verpackungen existiert seit 1993 ein Rücknahme- und Verwertungssystem: Die Kreislaufsystem Blechverpackungen Stahl GmbH (KBS). Sie sorgt dafür, dass industriell genutzte Weißblechverpackungen aufbereitet und in Stahlwerken recycelt werden. Hierbei handelt es sich in der Regel um Verpackungen für chemisch-technische Füllgüter. Ähnlich wie das Duale System schließt das KBS Zeichennutzungsverträge mit Abfüllern. [13]

10. Literaturverzeichnis

[1] Schormüller, J. Prof.Dr.; Die Erhaltung der Lebensmittel; Ferdinand Enke Verlag 1966

[2] unveröffentlichte Seminarunterlagen; Entwicklungstrends von Metallverpackungen; Fa. Florin, 2003

[3] Haltbar und sicher verpackt – Lebensmittel aus der Dose; IZW e.V.; Düsseldorf

[4] Nehring P. Dr.; Konserventechnisches Handbuch der Obst- und Gemüseverwertungsindustrie; Verlag Günter Hempel; 15. Auflage; 1969

[5] In die Dose fertig los; IZW e.V.; Düsseldorf

[6] Seminar IZW, Sortierung und Verwertung von Verkaufsverpackungen aus Sammlungen des Dualen Systems; 2002

[7] Stehle G.; Verpacken von Lebensmitteln; Behrs Verlag; 1997

[8] Heiss R.; Verpackung von Lebensmitteln; Springer Verlag; 1980

[9] Rasselstein/ Hoesch; Wege der Produktion; 1996

[10] Büchler, A.; Weißblech für Verpackungen; Verlag moderne Industrie; 1999

[11] http://www.tis-gdv.de/tis/ware/lebensmi/konserve/konserve.htm#gase

[12] www.weissblech.de

[13] http://www.weissblech.de/deutsch/entsorger/frame_e_eins.htm

[14] http://www.weissblech.de/lkw/d/verfilm/pr_beizen.htm

[15] http://www.weissblech.de/deutsch/verwender/frame_vw_eins.htm